五常法职业技能培训教材

居家清洁整理

珠海市职业训练指导服务中心
珠海市第壹管家职业技能培训学校有限公司　组织编写

 中国劳动社会保障出版社

图书在版编目（CIP）数据

居家清洁整理 / 珠海市职业训练指导服务中心，珠海市第壹管家职业技能培训学校有限公司组织编写．-- 北京：中国劳动社会保障出版社，2023

五常法职业技能培训教材

ISBN 978-7-5167-6100-7

Ⅰ. ①居…　Ⅱ. ①珠…②珠…　Ⅲ. ①家庭－清洁卫生－职业培训－教材　Ⅳ. ① TS976.14

中国国家版本馆 CIP 数据核字（2023）第 221125 号

中国劳动社会保障出版社出版发行

（北京市惠新东街 1 号　邮政编码：100029）

*

北京市白帆印务有限公司印刷装订　　新华书店经销

787 毫米 ×1092 毫米　16 开本　5.75 印张　87 千字

2023 年 12 月第 1 版　2023 年 12 月第 1 次印刷

定价：22.80 元

营销中心电话：400-606-6496

出版社网址：http://www.class.com.cn

版权专有　　侵权必究

如有印装差错，请与本社联系调换：（010）81211666

我社将与版权执法机关配合，大力打击盗印、销售和使用盗版图书活动，敬请广大读者协助举报，经查实将给予举报者奖励。

举报电话：（010）64954652

编审委员会

主　任：谢丽萌　郭鸣飞　李国庆　朱　睿

副主任：张红艳　张　琼　张立保　张捷子

委　员：谢小燕　谢雪梅　林　琳

本书编审人员

主　编：郭鸣飞

副主编：李国庆　张　琼

编　者：张红艳　谢雪梅　陈思颖　顾志威　张捷子　钟　英

内容简介

本教材为提升家庭服务从业人员职业技能水平，从强化培养操作技能、掌握实用技术的角度出发，较好地体现了当前最新的实用知识与操作技术，指导和帮助从业人员掌握居家清洁整理的核心知识与技能。

本教材根据家政服务员职业的工作特点，以能力培养为根本出发点，采用模块化的编写方式。教材共分为6个模块，分别为：五常法法则、工作流程与标准、用品与工具使用、专项清洁整理、衣物清洗与熨烫、家庭不同区域清洁整理。

序

就业岗前培训制度的积极推进,为广大劳动者学习相关职业的知识和技能,提高就业能力、工作能力和职业转换提供了可能,同时也为家庭选择满足服务需求的合格劳动者提供了依据。随着我国科学技术的迅速发展和产业结构的不断调整,各种新兴职业应运而生,传统职业中也越来越多、越来越快地融进了各种新知识、新技术,加快培养合格的、适应现代化建设要求的高技能服务人才就显得尤为迫切。

近年来,珠海市职业训练指导服务中心、珠海市第壹管家职业技能培训学校有限公司在加快家政高技能人才建设方面进行了有益的探索,积累了丰富的经验。为了推动整个行业服务标准的快速成型,两家单位组织了有数十年培训经验的教学研发团队从实战性出发,研究开发了五常法职业技能培训教材。五常法是吸纳国际先进家庭服务行业培训实操标准体系,在组织、整顿、清洁、规范、自律等方面对学员的职业能力进行改善,以提升学员服务水平和从业竞争力,从而帮助更多家庭提高生活品质的一种科学、高效、实用的培训方法。

本教材是五常法职业技能培训教材中的一本。教材对于规范家庭服务从业人员的职业技能培训,帮助从业人员进一步提升文化素质和品行,达到更高水准的工作效率有直接的指导作用。

目　录

培训模块 1　五常法法则 ··· 1

1.1　常组织 ·· 1
1.1.1　分类分层放 ··· 1
1.1.2　用品"齐清专" ·· 1
1.1.3　环保又节约 ··· 1
1.1.4　隐患及时除 ··· 2
1.1.5　收工逐项核 ··· 2

1.2　常整顿 ·· 2
1.2.1　有"名"必有"家" ·· 2
1.2.2　增加透明度 ··· 2
1.2.3　颜色巧利用 ··· 2
1.2.4　容器要合适 ··· 3
1.2.5　符合 30 s 原则 ·· 3

1.3　常清洁 ·· 3
1.3.1　制订计划表 ··· 3
1.3.2　物品常清理 ··· 3
1.3.3　工作有技巧 ··· 4
1.3.4　物品勤换洗 ··· 4
1.3.5　消毒应到位 ··· 4

1.4　常规范 ·· 4
1.4.1　安全放第一 ··· 4
1.4.2　护理要专业 ··· 5
1.4.3　制定存档表 ··· 5
1.4.4　标准要牢记 ··· 5
1.4.5　一站式服务 ··· 5

1.5 常自律 ··· 5
    1.5.1 守职业道德 ·· 5
    1.5.2 形象宜得体 ·· 6
    1.5.3 谨言又慎行 ·· 6
    1.5.4 勇敢有担当 ·· 6
    1.5.5 学习促进步 ·· 6

培训模块 2　工作流程与标准 ··· 7
2.1 作业标准化 ··· 7
    2.1.1 作业标准化的内容 ·· 7
    2.1.2 作业标准化的目标 ·· 8
    2.1.3 作业标准化的原则 ·· 8
    2.1.4 作业标准化的意义 ·· 8
2.2 作业准备 ·· 9
    2.2.1 熟悉家庭内外环境 ·· 9
    2.2.2 预约客户 ·· 9
    2.2.3 物品检查 ·· 9
    2.2.4 交通选择 ·· 9
    2.2.5 个人着装与打扮 ··· 10
2.3 作业实施 ··· 10
    2.3.1 抵达前知会客户 ··· 10
    2.3.2 入门礼仪 ··· 10
    2.3.3 作业范围确认 ·· 10
    2.3.4 作业规划 ··· 10
    2.3.5 作业过程 ··· 11
    2.3.6 完工检查 ··· 11
    2.3.7 验收确认 ··· 11
2.4 收拾离场 ··· 12
    2.4.1 收拾工具 ··· 12

2.4.2	预约提醒	12
2.4.3	礼貌离场	12
2.4.4	单据提交	12

培训模块 3　用品与工具使用　13

3.1　个人物品使用　13
3.2　清洁工具使用　14
  3.2.1　地面清洁工具使用　14
  3.2.2　墙面、玻璃清洁工具使用　15
  3.2.3　重点区域清洁工具使用　16
3.3　整理工具使用　18
3.4　常用清洁剂使用　19
3.5　上光护理剂使用　22
3.6　抹布文化　23
  3.6.1　抹布的认知　23
  3.6.2　抹布的种类　24
  3.6.3　抹布的使用方法　28

培训模块 4　专项清洁整理　29

4.1　专项清洁　29
  4.1.1　电器清洁　29
  4.1.2　织物清洁　34
  4.1.3　家具清洁　35
4.2　专项整理　38
  4.2.1　鞋柜整理　38
  4.2.2　衣柜整理　38
  4.2.3　冰箱整理　40
  4.2.4　玩具整理　42
  4.2.5　书柜整理　43

培训模块 5　衣物清洗与熨烫 ……………………………………… 45
5.1　衣物清洗 ………………………………………………………… 45
5.1.1　清洗前检查 …………………………………………… 45
5.1.2　衣物分类 ……………………………………………… 45
5.1.3　常见衣物清洗标签 …………………………………… 46
5.1.4　常见污渍及其清洗方法 ……………………………… 46
5.1.5　衣物保护（机洗）…………………………………… 47
5.1.6　衣物洗涤（机洗）…………………………………… 47
5.1.7　衣物晾晒 ……………………………………………… 48
5.2　衣物熨烫 ………………………………………………………… 48
5.2.1　衬衫的熨烫顺序及质量标准 ………………………… 49
5.2.2　西装的熨烫顺序及质量标准 ………………………… 50
5.2.3　西裤的熨烫顺序及质量标准 ………………………… 52
5.2.4　短裙的熨烫顺序及质量标准 ………………………… 53

培训模块 6　家庭不同区域清洁整理 ……………………………… 55
6.1　卧室清洁整理 …………………………………………………… 55
6.1.1　卧室清洁整理重点 …………………………………… 56
6.1.2　卧室清洁整理标准 …………………………………… 58
6.2　书房清洁整理 …………………………………………………… 59
6.2.1　书房清洁整理重点 …………………………………… 59
6.2.2　书房清洁整理标准 …………………………………… 61
6.3　儿童房清洁整理 ………………………………………………… 62
6.3.1　儿童房清洁整理重点 ………………………………… 62
6.3.2　儿童房清洁整理标准 ………………………………… 64
6.4　客厅清洁整理 …………………………………………………… 65
6.4.1　客厅清洁整理重点 …………………………………… 65
6.4.2　客厅清洁整理标准 …………………………………… 67
6.5　餐厅清洁整理 …………………………………………………… 68
6.5.1　餐厅清洁整理重点 …………………………………… 68

  6.5.2 餐厅清洁整理标准 …………………………………… 69

6.6 厨房清洁整理 …………………………………………… 70
  6.6.1 厨房清洁整理重点 …………………………………… 70
  6.6.2 厨房清洁整理标准 …………………………………… 71

6.7 卫浴室清洁整理 ………………………………………… 72
  6.7.1 卫浴室清洁整理重点 ………………………………… 73
  6.7.2 卫浴室清洁整理标准 ………………………………… 74

6.8 阳台清洁整理 …………………………………………… 75
  6.8.1 阳台清洁整理重点 …………………………………… 76
  6.8.2 阳台清洁整理标准 …………………………………… 77

培训模块 1　五常法法则

1.1　常组织

其要点是推行有效的组织管理,做事有计划、有章法,提高工作效率。

1.1.1　分类分层放

在对家居进行日常清洁整理的时候,应该按照物品功能、类别分开存放,对不同类的物品做到分层放置。例如,厨房调味品按使用频率和日期分类摆放在随手可以取放的地方,家中的玩具可以按质地(如毛绒、木质、塑胶等)存放,护肤品可以按照使用顺序摆放。

1.1.2　用品"齐清专"

清洁整理时以"一个区域一套用品,一个项目一套工具"为原则,分区域、分项目完成工作。用品应做到齐全、清洁、专区域专用,即"齐清专"。

认识常用的清洁用品,掌握清洁用品的使用方法是做好清洁整理的基础。除了常规的清洁器具,清洁剂也是清洁工作中的"利器",如不锈钢清洁剂可有效清除不锈钢器具上的水渍,同时保持钢体表面光亮;家具蜡有清洁、打蜡及防尘作用。

1.1.3　环保又节约

在日常工作中应重视环保,特别注意水、电、气的节约。应培养勤俭节约的美德,做到随手关灯,烹饪要及时变换火力,在保证卫生的情况下坚持一水多用,自觉做好垃圾分类等。例如,旧报纸不仅是擦拭玻璃最好的"抹布",还可以当作练习书法的草

稿纸；用过的牙刷可以用来清洁缝隙；废弃的旧丝袜可以套在靴子上防尘。

1.1.4 隐患及时除

对家居进行清洁整理时，要时刻关注安全隐患并及时排除。例如，煤气管道、渗水的缝隙、吊灯、鱼缸过滤器、晾衣架等要定期检查，有损坏的要及时报修，有不安全因素的要及时提醒客户更换或修理。

1.1.5 收工逐项核

在结束清洁整理工作后，要与家庭八大区域的工作标准进行逐项核对检查，尤其注意柜顶、角落、花盆底部等隐蔽地方的清洁整理工作是否到位，确认已按标准完成工作，达到高交付标准。

1.2 常整顿

其要点是推行责任划分制，找对容器，增加透明度，提高工作效率。

1.2.1 有"名"必有"家"

每一件物品都要有一个固定存放点，清洁工具和清洁剂品种繁多，应按照使用区域、使用习惯定点摆放，方便取用。

对于家庭中的物品，要遵循整洁、易取放的原则进行清洁整理，让每一样叫得出名字的物品都有它们的"家"。

1.2.2 增加透明度

增加透明度可以带来视觉上的通透，也可以给日常清洁整理工作带来便利，透明容器内物品的摆放应遵循一定的原则，给人赏心悦目的感觉。例如，换季的衣物放入透明收纳箱，在换季时可以很方便地找到；换季的床上用品按厚度放入透明收纳箱，取用时一目了然，避免翻箱倒柜。另外，透明的鞋子收纳盒也非常实用，既可以防尘、保持鞋子的清洁干燥，又可以让客户清楚地知道自己有哪些鞋子，避免重复购买，造成浪费。

1.2.3 颜色巧利用

对家庭、工作中涉及的某些元素（设备、产品、安全防护、工具等）实施划分，以带有颜色的收纳箱或者标签进行区分整理，将尽可能多的信息转化为可以立刻感知的形式，达到"一目了然"的效果，既提高了工作效率，又营造了良好的居家氛围。

例如，对于贵重物品、厨具、坐便器等特殊物品的清洁应分别使用专用抹布，为了便于区分，可以用不同颜色的抹布对应不同的物品；在对儿童玩具进行整理时，将玩具小车、毛绒玩偶、积木等规整至不同颜色的收纳箱，既方便取用，也在潜移默化中引导儿童从小养成良好的整理习惯。

1.2.4 容器要合适

在工作中要养成将物品分类存放的习惯，但是如何选择合适的容器也是一门学问。例如，家庭常用药品、五金工具、厨房调味料、儿童玩具等，都应选择合适的容器进行储存。

合适的工具不仅可以将物品收拾得井井有条，还可以方便客户取用，甚至可以增大活动空间。

1.2.5 符合 30 s 原则

在日常整理时，要尊重客户取放东西的习惯，在整理后，家政人员应熟悉物品的存放位置，客户和家政人员都可以在 30 s 内取用自己想要的物品。

1.3 常清洁

其要点是运用科学的清洁方法，使家居环境保持清洁及光洁明亮。

1.3.1 制订计划表

随着人们生活质量的提高，对清洁整理的要求也越来越高。要想满足客户的要求，在做居家清洁整理工作前一定要先对客户的家庭环境有一个比较清晰的了解，做好工作计划，才能高效地完成工作。

居家清洁整理始终坚持客户至上的原则，根据不同季节及客户的实际要求调整计划表，保持家居环境安全、舒适、简洁、美观。

1.3.2 物品常清理

应定期对客户家的落尘物品进行清理。物品落了灰尘，说明已经许久未用。对于大件或价值较高的物品，要征询客户是进行清洁还是丢弃，对于过期食品或调味品、过期药品等可直接告知客户需要做丢弃处理。

经常清理家庭中的物品可避免家庭空间浪费、保持环境整洁，也可避免安全事故的发生。

1.3.3　工作有技巧

在工作中，应掌握必要的技巧。一是学会使用现代化的家电，如高层住宅的室外玻璃很难清洁，可使用擦窗机器人；窗槽、门槽可用鸭嘴吸尘头清洁。二是合理规划时间，如在扫地机器人进行地面初步清洁的时候，家政人员可以去做其他事情，如厨房抽油烟机的深度清洁、卫浴设备的清洁等。

居家清洁整理工作是涉及面较广的工作，看起来不复杂，实则也存在很多工作技巧，从业人员应认真参加培训，日常注重经验积累，以使工作取得事半功倍的效果。

1.3.4　物品勤换洗

物品的换洗直接关系客户家庭成员的健康。例如，厨房清洁巾、擦碗巾等容易滋生细菌，应做好日常清洁，并定期更换；床上用品应定期换洗、晾晒（有特殊说明、不宜晾晒的除外），以免滋生螨虫；门口地垫、卫浴室地垫都应定期清理灰尘、毛发等，如脏污较多，应进行刷洗和晾晒。

1.3.5　消毒应到位

随着生活水平的提高，人们的健康意识不断增强，防范疾病的意识和能力也逐步提高。家庭消毒是防止传染病、细菌等传播的有效措施，居家清洁要把消毒纳入工作范畴，尤其应注重儿童玩具的消毒。

1.4　常规范

其要点是掌握实操技能，明确工作标准，达到专业水平。

1.4.1　安全放第一

在进行日常的居家清洁整理时，要注意两个安全，一是人身安全，二是物品安全。

居家清洁整理离不开各种各样的工具，要掌握常用的家电操作使用方法、注意事项及清洁保养，充分发挥家电的功效，并且做到节能、安全，避免事故发生。在整理化学清洁剂时，应放在儿童拿不到的地方；告知客户尽量不要用饮料瓶盛放清洁剂，以免发生误吞服等意外事故。

1.4.2 护理要专业

居家清洁整理会涉及一些家具护理工作，如贵重木材家具、天然石材地板、皮质家具等的护理都有一定的规范与技巧，家政人员应在日常接受培训时认真学习与记录，在工作时认真区分护理用品，做到细心、耐心和用心。

1.4.3 制定存档表

对家庭中的易耗品（如清洁剂、纸巾、调味品等）进行存档记录，可以了解其使用情况，提醒客户及时增补；还可以遵循先进先出、先买先用的原则，防止物品过期变质。

1.4.4 标准要牢记

标准是对重复性事物和概念所做的统一规定，我们在长期的实践中，以家庭的实际需求为目标，结合家庭服务业的服务质量，不断总结优化，自主研发了一套行之有效的清洁标准，本标准将家庭空间划分为 8 个区域、55 个项目，在实际操作过程中应牢记这些标准。

1.4.5 一站式服务

居家清洁整理一站式服务要求做到细节到位、服务严谨，以此保证服务质量。家政人员应严格要求自己，认真实施清洁整理工作，以不返工、不被客户挑错、服务复购率高为目标。

1.5 常自律

其要点是遵守职业规范，养成良好的习惯，不断提升自我技能水平和职业素养。

1.5.1 守职业道德

一要爱岗敬业。爱岗就是热爱自己的工作岗位、热爱本职工作，敬业就是要用恭敬严肃的态度对待自己的工作。不能无故要求换户或不辞而别，不能向客户索要物品或红包，不能向客户借钱或物。

二要诚实守信。诚是真实不欺，言行和内心思想一致，不弄虚作假；信是真心实意地遵守、履行诺言。凡是承诺和答应客户的事情尽量做好，不能言而无信，找借口变化。

1.5.2 形象宜得体

一是注重个人卫生，头发、脸部、手指等部位要保持清洁，身上不能有异味，要做到勤洗澡、勤换衣物、勤漱口。指甲要经常修剪，不要留长指甲和涂艳丽的指甲油，以免给工作带来不便。

二是妆容大方适宜，应保持干净、健康、自然的外在形象，避免浓妆艳抹，不披头散发，也不盘复杂的发型等，可以化一个素雅的淡妆，展现良好的精神面貌。不建议戴艳丽或夸张的饰品以及在身体明显部位文身。

三是服装大方简洁，不宜穿过于紧身、单薄透亮或过分艳丽的服装，忌穿衣领较大的上衣和裙装。在夏天不要穿得太暴露，切忌穿着吊带、背心类衣衫去客户家。如果外衣颜色较浅，内衣应以白色或肤色为主，忌穿深色内衣搭配浅色外衣。冬天建议以保暖、轻便的着装为主，忌穿着厚重的衣物进行工作。

1.5.3 谨言又慎行

居家清洁整理在家庭中工作，对客户家的情况和隐私会有一些了解，从业人员应对职责范围外的事做到视而不见，听而不闻，具备良好的职业道德素养。客户家的门牌、电话号码、贵重物品情况以及客户的工作性质都是隐私，不可向他人透露。

善于沟通，少言慎行，不说长道短，与客户建立融洽的信任关系，使双方心情愉快。与客户沟通时要注意倾听，设身处地为他人着想，主动征求意见，交流改进。有意见和分歧时，以尊重客户的意见为先。

1.5.4 勇敢有担当

在客户家服务时，难免会出现一些突发或偶发情况而导致错误，如打碎易碎品、掉落护肤品等，此时应有主动承担责任的勇气和意识，不可掩饰自己的失误，也不可寻找诸多借口为自己开脱。在工作中应严谨小心，收纳护肤品及易碎品时，应格外谨慎。

1.5.5 学习促进步

有一颗愿意学习、乐于学习的心，就会在工作中不断征询意见、不断调整以适应环境，不断学习新的服务本领。不管科技如何发展、客户的需求如何变化，善于学习和具备进取心的家政人员不会被淘汰。

培训模块 2　工作流程与标准

2.1　作业标准化

2.1.1　作业标准化的内容

"五常"清洁整理标准将家庭空间划分为 8 个区域、55 个项目，每个区域设定具体要求，是家政人员日常工作的量化标准，见表 2-1。

表 2-1　"五常"法清洁整理标准化的内容

序号	区域	项目	数量
1	卧室	窗、床、梳妆台、衣柜、门、开关、踢脚线与地面、垃圾桶	8
2	书房	窗、办公设备、书桌、书柜、门、开关、踢脚线与地面、垃圾桶	8
3	儿童房	窗、床、玩具、衣柜、书桌、门、开关、踢脚线与地面	8
4	客厅	窗、电视柜、沙发与茶几、门、开关、踢脚线与地面、垃圾桶	7
5	餐厅	餐桌椅、门、开关、踢脚线与地面、垃圾桶	5
6	厨房	墙面、橱柜、水池与台面、踢脚线与地面、垃圾桶	5
7	卫浴室	淋浴房、墙面、坐便器、洗漱台、门、开关、踢脚线与地面、垃圾桶	8
8	阳台	窗、门、晾衣架、洗衣池、洗衣机、踢脚线与地面	6
合计	8 区	—	55 项

2.1.2 作业标准化的目标

1. 美化家居，营造舒适的居家环境。

2. 使从业人员有据可依，实现工作标准化。

3. 提高从业人员实操技能和综合素养。

4. 为雇佣双方提供统一标准，避免认知误差。

5. 减少人为失误，避免财物损失。

2.1.3 作业标准化的原则

1. 自我实现

标准需要人去实现才有意义，不折不扣、严格按标准执行，用标准改变环境，用环境营造心情，执行标准化作业可有效改善家政人员的工作习惯，提升其技能水平。

2. 持之以恒

凡事贵在坚持，一旦中断，前期付出的努力又被现实打回原形。对于很多从业人员来说，刚开始执行标准化作业时感觉很困难，甚至烦琐，因而想私自减少步骤，减轻工作负担；或者是在执行了一段时间后产生侥幸心理，认为大部分客户不会检查角落、橱顶等位置，而放松了对自己的要求，在工作中执行不到位。切记工作并不是为了应付他人，而是自己赚取劳动所得、获得社会和他人认可的途径。

3. 自我检查

检查确认是对工作进展把关的有效措施，自纠自查，及早发现问题，将问题扼杀在苗头阶段，如已发生错误，应及时改正。

2.1.4 作业标准化的意义

1. 制定、执行和完善标准可以不断提高服务质量，推动家庭服务行业、企业、从业人员不断提高服务水平。

2. 标准化作业是现代社会分工的大势所趋，从业人员以标准开展工作，客户以标准评估服务质量。

3. 标准化是解决雇佣矛盾的良药。家庭服务矛盾的源头往往是供需双方没有固定的评价标准，导致双方产生矛盾，长此以往，不利于家庭服务业的长期稳定发展。

2.2 作业准备

2.2.1 熟悉家庭内外环境

1. 知晓客户家庭内部环境

（1）了解客户家庭成员大致情况，询问并记住主要家庭成员的称呼或联系方式。运用得体的称呼，对长辈可以爷爷、奶奶、叔叔、阿姨等相称，对年龄相仿或较小的客户可以先生、太太等相称，尽量拉近与客户的距离。

（2）熟悉客户家庭的宗教信仰、生活习俗等，在工作中不冒犯客户，不因无知而伤害客户的感情。对拿不准主意的地方，可以多征询客户的意见。也可以准备一个小记事本，将一些家庭的特殊禁忌记录下来，多提醒自己。

（3）适应居室环境，熟悉主要物品的摆放位置。了解各个房间的布置情况，熟悉常用家电的摆放位置，了解拖把、垃圾桶等卫生用具的存放位置。要提前询问客户服务范围，特别要问清楚是否有不可进入的房间、无须清洁整理的空间等。在客户交代工作内容和要求时，如果有不清楚的地方，要马上向客户询问，加以明确。

2. 知晓客户家庭外部环境

尽快熟悉客户家庭周边环境。记住客户家庭所在的社区名、楼牌号、门牌号等，了解周围有哪些明显的标志，知晓附近医院、商店、学校的位置等，遇到特殊情况时，有助于迅速反应。

2.2.2 预约客户

可选择电话、短信、微信等方式与客户沟通服务的时间，如果情况临时有变化（堵车、突发事件等），应及时与客户沟通。

2.2.3 物品检查

要备齐全套清洁工具、用品；也要携带齐全个人物品，如一次性口罩、手套、鞋套等，在随身的包里准备发绳、纸巾等，以备不时之需。

2.2.4 交通选择

获得客户家庭地址的准确定位，选择最优路线及合适的交通工具，注意安全。

2.2.5　个人着装与打扮

穿着防滑平底鞋（忌穿高跟鞋），穿着公司统一的标准制服（如有），头发梳拢束起，忌浓妆艳抹。

2.3　作业实施

2.3.1　抵达前知会客户

可选择电话、短信、微信等方式知会客户预计到达的时间。例如，"您好，我预计下午 2 点到达小区门口（单元门口）。"

2.3.2　入门礼仪

客户开门时，家政人员需要保持良好的情绪，切忌把不良情绪带到工作中。基本问候语为"您好！我是 ×× 公司家政员，这是我的工作证，请您核对"，并出示工作证，以便客户确认。

2.3.3　作业范围确认

作业前，家政人员要跟客户说明，贵重物品不在清洁范围内，请客户妥善收纳，并听取客户对 8 区 55 个项目的特殊要求。

2.3.4　作业规划

1. 顺序

作业顺序一般为卧室→书房→儿童房→客厅→餐厅→厨房→卫浴室→阳台。

2. 时间

一般每小时的作业区域为 30 m^2 左右，厨房和卫浴室可适当增加时间，具体时间可根据居室的实际物品量进行调整。

3. 安全

电器清洁前，先断电再清洁，清洁完成后，再恢复供电；需要移动物品时，应轻拿轻放、及时归位，避免损伤物品；留意尖锐锋利的物品和沉重物品，清洁整理或挪动时应格外当心，避免自身受伤和器具损伤，保证作业安全。

4. 细节

不同区域的清理使用不同的抹布，切忌交叉使用，应做好干湿分离；不可忽略角落、踢脚线、柜顶等部位，应彻底清洁；切忌随手乱放清洁工具，用完即归类复位，以便下次使用。

2.3.5 作业过程

在作业实施过程中应少说多做，不要与客户发生争执，保持良好的沟通态度；在作业范围内可以按客户要求灵活进行调整，如有增加项，应及时与客户说明，建议其选择专项清洁服务。

家政人员的职能是满足家庭生活的需求，因此必须以符合客户意愿为工作准则，在履行服务合同的情况下，尊重客户、服从客户管理。

2.3.6 完工检查

作业完成时，家政人员请示客户进行检查，检查后，如属"8区55项"范围内的地方没有清洁整理到位，家政人员需要返工，直至达标。

2.3.7 验收确认

客户验收完成后，家政人员提供"清洁整理服务确认单"，客户验收合格后签字确认。

清洁整理服务确认单			
			年　　月　　日
客户信息			
客户姓名：	手机：	户型及面积：	
住址：			
家政人员姓名	工号	到达时间	离开时间
清洁整理满意度评价			
服务能力满意度评价 □很满意　　　　　　　□满意 □不满意　　　　　　　□很不满意			
服务态度满意度评价 □满意（无争吵，有礼貌）　□不满意			

续表

改善建议：
备注：在清洁整理工作完成后，家政人员请客户检查、确认屋内无任何物品损失或丢失，并签字确认。 在此次清洁整理服务期间，本人确认屋内没有任何财物损失或丢失。 <div align="right">客户签名：</div>

2.4 收拾离场

2.4.1 收拾工具

整理、清点全套清洁工具和随身物品。

2.4.2 预约提醒

提醒客户预约下次服务时间，如果对本次服务感到满意，可以再次预约该人员，家政公司可提前做好安排。

2.4.3 礼貌离场

家政人员应感谢客户对本次工作的建议/认可，如"谢谢您的建议/对我的认可，我会继续努力为你打造舒适、安全、美观的居家环境！"

2.4.4 单据提交

当日工作结束后，家政人员应将所有单据提交项目经理，以便结算与归档。

培训模块 3 用品与工具使用

3.1 个人物品使用

个人物品的名称、用途及使用方法见表 3-1。

表 3-1 个人物品的名称、用途及使用方法

名称	用途	使用方法
口罩	口罩可以过滤进入口鼻的空气，阻挡飘散的粉尘、不良气味、飞沫等物质；在呼吸道传染病流行时，戴口罩可以有效防止交叉感染	先将口罩的弧度预留层展开，通过耳带把口罩固定在脸部，将口、鼻、下颌完全包住，再用力捏紧鼻梁上方的金属条，使其紧贴鼻梁，最后调整下巴部位的气密性。必要时可将挂绳从脑后打结，以提升紧固性。整个佩戴过程应避免用手接触口罩外侧，注意分清正反面并及时更换
围裙	主要保护自身衣物不被弄脏，最好选择防水的围裙	将围裙的挂脖套在脖子上，再将围裙两边的带子在背后交叉打上活结
橡胶手套	主要用于防水、防污染、防腐蚀	将双手分别套入手套并拉紧，贴合手指即可
鞋套	主要用于防止脏鞋污染客户家的地面，也具备一定的防滑作用	打开鞋套，直接套在鞋子外侧，调整使其贴合鞋子。鞋套使用后要及时清洗，确保每次带去客户家的都是清洁鞋套

续表

名称	用途	使用方法
雨鞋	主要在使用大量水及清洁剂清洗室外地面时穿着，起防水、防滑作用	左右脚分别穿上雨鞋

 特别提示

不建议家政人员使用一次性鞋套，因为一次性鞋套易破损、不防滑，给工作带来不便。

3.2 清洁工具使用

3.2.1 地面清洁工具使用

地面清洁工具的名称、用途及使用方法见表3-2。

表3-2 地面清洁工具的名称、用途及使用方法

名称	用途	使用方法
铲刀	主要用于铲除硬质地面、墙壁表面的顽固垃圾，如水泥块、粘胶等	双手按住刀柄下压，形成倾斜面，小心地铲去污渍，注意不能刮伤物体表面
硬毛扫帚	主要用于清扫厨房地面、湿水地面和室外地面的较大碎片和杂物垃圾	手握在扫把上端，扫动时用力往下压，防止扬尘。清扫地面时，从身体左右两侧挥动扫把往前扫，将垃圾归于一处
长柄硬毛刷	主要用于刷洗地面、地垫	手握在毛刷的把手上，对准需要清洁的物品用力来回刷
软毛扫帚	主要用于清扫室内干燥地面上较大碎片、杂物等	一手握在扫把上端，一手握在扫把下端，两手距离大约20 cm，扫动时轻微往下压，防止扬尘。清扫地面时，从身体左右两侧挥动扫把往前扫，将垃圾归于一处
垃圾铲	主要用于盛装灰尘、毛发、碎屑等，有些垃圾铲可直立收纳，防风防抖落	手握在垃圾铲的把手上，将垃圾铲平贴地面放在垃圾的侧边，用扫把将垃圾扫进垃圾铲内

续表

名称	用途	使用方法
地面水刮	主要用于清除地面的积水	双手一高一低握紧地面水刮把手，将刮条紧贴地面，按直线或者"S"形将积水向地漏方向刮
吸尘器	用来吸附地面、墙壁、地毯和家具上的灰尘和脏物，需要定期清洗垃圾收集内胆、软管等配件	选择合适的吸头，接通电源，将刷头沿着待清洁物体表面推动即可进行清洁。毛刷吸头适用于清洁家具表面，长扁吸头适用于清洁狭小缝隙
普通拖把	分为旋转拖把、平板拖把、海绵拖把等，主要用于清除地面上的灰尘及水分，带超细纤维的平板拖把适用于地面的打蜡	双手紧握把手，用力按压拖把在地面上来回拖动
蒸汽拖把	不仅能一次性完成扫地、拖地，还能有效杀灭地面上的大量细菌	使用前取出净水箱，加入冷水到最高水位线，将净水箱装回，锁定到位。接通电源，选择合适的功能，前后移动拖把清理地面，切勿向侧边移动吸嘴，以免留下水印

3.2.2 墙面、玻璃清洁工具使用

墙面、玻璃清洁工具的名称、用途及使用方法见表3-3。

表3-3 墙面、玻璃清洁工具的名称、用途及使用方法

名称	用途	使用方法
人字梯	用于高处清洁整理时的辅助登高	使用人字梯前要先检查确认杆件、梯脚、链条等完好无损。打开梯脚，固定链条，确定梯子平稳方可使用
尘掸	掸除墙面、窗帘、展示品、电器等外表面的灰尘	将尘掸对着需要清洁的物品或区域轻扫，可有效清除灰尘、毛絮、毛发等

续表

名称	用途	使用方法
多功能玻璃/镜面刮	集喷雾、擦拭、刮水等功能于一体，用于玻璃及镜面的清洁	先按压喷雾按钮，使清洁剂均匀地喷洒在玻璃/镜面上，再将玻璃刮的胶片按压在玻璃/镜面上，用力均匀，由上往下直刮，或者"8"字形刮
双面玻璃擦	采用独特的强磁方式，可同时清洁内外玻璃	将玻璃擦分开，将外侧玻璃擦的安全绳套在手腕上以防其意外掉落。在玻璃内外面均匀喷涂玻璃清洁剂，将玻璃擦在玻璃上吸合，按照玻璃擦的箭头方向，以"C"形路线擦洗，玻璃擦的箭头指向始终处在擦洗的正前方，来回刮擦

3.2.3 重点区域清洁工具使用

重点区域清洁工具的名称、用途及使用方法见表3-4。

表3-4 重点区域清洁工具的名称、用途及使用方法

名称		用途	使用方法
厨房清洁工具	杯刷	适用于清洁深度较深的物品，主要用于洗刷杯具的内外两面	握住手柄刷头，将刷头伸入杯具内部，贴合杯内壁做旋转清洁，再将刷头取出，贴合杯外壁做旋转或直刷清洁
	抹布	适用于餐具的清洁，也可以对厨房灶面进行清洁，去油污能力较强	一手拿住抹布，与餐具或灶面贴合，用"S"形手法清洁，必要时可在抹布上滴适量洗洁精
	钢丝球	适用于清洁重油污、顽固污垢等，注意钢丝球不可用于有涂层的各类锅具	一手握住钢丝球，在待清洁物品上用力做来回或环形擦动
卫浴室清洁工具	海绵擦	海绵擦吸附力强，能有效去除金属龙头、石材台面和墙纸墙面的污渍	可随意裁剪成不同尺寸，只要蘸取少量清水，就能轻松去除不锈钢、石材等特殊材质上的污垢，尤其是水印

续表

名称		用途	使用方法
卫浴室清洁工具	坐便器刷	主要有常规坐便器刷和可抛式坐便器刷。常规坐便器刷配合洁厕剂使用；可抛式坐便器刷自带洁厕剂，配合冲水使用	常规坐便器刷：先在坐便器内壁四周喷上洁厕剂，按洁厕剂说明书等待片刻，再使用坐便器刷在坐便器内壁的各个位置不断刷洗，冲水。冲水时坐便器刷可对重度脏污位置继续进行刷洗，再次冲水同时清洁坐便器和坐便器刷。将坐便器刷冲净、沥至不滴水时放入专用坐便器刷盒 可抛式坐便器刷：取出坐便器刷刷柄时，刷头存储器盖子同步打开，将刷柄伸入刷头存储器，按压刷头安装按钮，刷头自动装入。清洗时将刷头在脏污位置来回刷洗，刷头上自带的清洁成分去污效果好，最后冲水即可。刷头用完之后可按压刷柄上的按钮使其自动脱落至垃圾桶，非常方便
卧室清洁工具	滚筒粘毛器	主要用于去除衣物、床上用品上不易抖落的灰尘、毛发等	握住手柄，将滚筒粘毛器紧贴需清洁的物品来回滚动，用完后将用过的粘纸撕下，弃于垃圾桶，在滚筒粘毛器上套好保护套
	床扫帚	专用于清扫床上灰尘、毛发等	握住手柄将床扫帚紧贴床面，朝着一个方向清扫，尘絮收进配套的垃圾铲，然后将床扫帚清洁干净

3.3 整理工具使用

整理工具的名称、用途及使用方法见表 3-5。

表 3-5 整理工具的名称、用途及使用方法

名称		用途	使用方法
厨房整理工具	下水槽置物架	存放厨房较大件的物品或锅具，充分利用闲置空间	将置物架放在下水槽下方，将水管调整至合适位置即可，可存放厨房清洁剂、清洁工具等
	墙壁置物架	存放各种调料品及厨房用具	根据厨房空间，合理规划置物架的摆放位置，一般需要固定上墙，一旦定好位置，后期不宜移动
	抽屉分隔盒	分类归置小件物品，充分利用抽屉空间，使物品摆放井然有序	根据抽屉的尺寸选择合适的抽屉分隔盒，可分类归置筷子、勺子、叉子等餐具，也可以收纳零食夹、杯垫、保鲜袋等
冰箱整理工具	密封袋	存放干货食材，防潮、防串味	打开密封口，将食材放入密封袋后封口，确保密封口已封住
	保鲜盒	存放食物，保鲜不串味	将食物（干湿均可）存放在保鲜盒内，根据需求放入冰箱冷藏室或冷冻室
	收纳盒	存放小包装的食材或调料	将一些小包装的食材或调料按生产日期或使用频率摆放在收纳盒中，推荐竖放，既美观工整又方便取用
衣柜整理工具	收纳箱	整理玩具、被子、换季衣物等，收纳力强	通常采用平铺收纳，将需要收纳的物品平铺放入收纳箱。若收纳箱为不透明材质，可在箱子上粘贴便笺，写明收纳物品和收纳时间
	植绒衣架	植绒材质防滑，可防止衣物掉落；久挂不鼓包，无痕护衣	将衣物平整地挂在衣架上，尤其注意肩部、衣领要妥帖

续表

名称		用途	使用方法
衣柜整理工具	抽拉式收纳盒	分类收纳，整洁美观，拿取衣物方便	将衣物、袜子、内衣裤等按照相似的规格收纳在盒子中，通常为竖放，可视性好且方便拿取
	分隔板	分区整理更节约空间，也使衣物摆放更整洁	根据空间规划的要求，合理布置分隔板的位置，优化利用空间，且视觉效果佳
	压缩袋	防潮防尘，既保护收纳物又节省空间，一般用于收纳换季物品	将需要收纳的物品（一般为可以压缩的被子、厚外套等）装入压缩袋，利用专用工具抽真空，放入柜子的顶部或床箱内（不常用的收纳空间）
	伸缩杆	用于衣柜悬挂衣物，根据需要灵活调节合适的长度	根据衣柜尺寸调整伸缩杆的长度，再固定在衣柜内。伸缩杆可根据需要方便地进行安装或拆除

3.4 常用清洁剂使用

常用清洁剂的名称、用途及使用方法见表3-6。

表3-6 常用清洁剂的名称、用途及使用方法

名称	用途	使用方法
玻璃清洁剂	玻璃清洁剂为碱性，具有极强的湿润、清洁能力，可溶解玻璃表面的各种污垢，高效迅速地清洁玻璃，适用于玻璃门窗、镜子及各种玻璃用具	将玻璃清洁剂喷在玻璃表面，再用玻璃刮刮净，最后视情况用玻璃抹布擦拭边角、收干

续表

名称	用途	使用方法
洁而亮	适用于厨房、卫浴室等多种质地的物体表面，如陶瓷、不锈钢、塑料、玻璃等表面，不可用于皮料、布料和毛料家具。其能使物体表面清洁光亮，不留痕迹；还能有效防止污渍再次聚集于物体表面，使其持久明亮，光洁如新	使用时无须兑水，用半干抹布蘸少量洁而亮，对有污渍的地方进行擦拭，再用干净的湿抹布清洁
洁厕剂	主要用于尿槽、便坑的清洁，可有效去除铁锈、水垢、尿垢等，对管道和釉面有保护作用	将洁厕剂淋入便器四壁，按使用说明浸泡片刻，再用便器刷刷洗，用清水过净
地毯清洁剂	主要用于清除布艺沙发、地毯表面的水性污渍和油性污渍，如墨水、尿液、颜料、油渍、饮料等，快速去污垢，免水洗	方法一：将清洁剂喷涂在脏污部位，将干净的抹布湿润拧干，擦拭污渍表面，直至污渍去除 方法二：用喷涂了清洁剂的干净抹布轻轻按压有污渍的地方，重复多次，直至污渍去除 注意：为避免清洁后有污渍残留痕迹，可以用吹风机的冷风模式吹干
粘胶去除剂	主要用于软化金属、瓷砖、玻璃等材质表面的粘黏物，如年检贴、产品标签、海绵胶、双面胶残留物等	向物体表面的粘黏物喷适量的粘胶去除剂，稍等片刻，使其完全浸透、软化后，用除胶铲铲除粘黏物，最后用干净抹布擦净物体表面

续表

名称	用途	使用方法
管道疏通剂	具备活氧技术及激泡复合配方，有效物质充满管道并迅速瓦解堵塞物；富含有效去污因子，清洁管壁，去除异味，适用于各类管道的疏通	水池地漏：向管道中加入适量清水，每隔 3 min 加入 50 g 疏通剂，加 2 次，30 min 后用大量清水冲洗，未通可再次操作 坐便器：使用前将便器内积水吸出，将 200 g 疏通剂倒入便器内，再加入 2 000 mL 清水，2 h 后放水测试，未通可再次操作 主管道：向管道中加适量清水，将 200~500 g 疏通剂倒入管道中，3 min 后冲入温水，2 h 后倒入清水测试疏通效果，未通可再次操作
爆炸盐	可分解多种污垢，如油渍、果汁、血渍、霉斑、茶垢、尿垢等，主要用于清洗纺织品，如浅色衣物、床单等。爆炸盐不适合清洗丝绸、毛、皮革、彩棉等材质	将爆炸盐加入水中，待完全溶解后，加入需要清洗的衣物，浸泡片刻后再进行搓洗，如需要长时间接触爆炸盐，建议戴上橡胶手套
不锈钢清洁膏	可用于不锈钢表面污垢的清洁；也可用于不锈钢锅具烧黑后的清洁，去污能力较强	用湿抹布蘸少量清洁膏，在污渍处反复擦拭，再用清水冲洗干净。污垢比较厚重、不易清洁时，可以将清洁膏均匀地涂抹在器具上，用保鲜膜包裹 4 h 以上再进行清洁
除霉剂	可用于洗衣机胶圈、坐便器边缘处、冰箱密封胶条、灶台边缘、地板瓷砖缝等处，除霉效果好	用干抹布擦干发霉处，再将除霉剂涂抹在发霉处，等待 2 h 以上，视情况选择清水冲洗，最后用干抹布擦拭干净

续表

名称	用途	使用方法
静电吸尘剂	用于增强地拖吸尘去污能力,是专业地面保养用品,吸尘后的地拖极易抖去尘土,适用于现代高档家居地面、打蜡地面、对清洁度要求较高的地面清洁	将静电吸尘剂喷在地拖拖布上,待其浸透后即可拖地,拖布上尘土收集达到一定程度时抖去,尘土抖落后可接着使用
轻油污清洁剂	主要用于餐具的清洁	使用时,应按不同的清洁对象加水稀释;使用后,必须用清水冲洗干净
重油污清洁剂	有很强的乳化和渗透力,能快速乳化分解重油、动植物油污,除油能力卓越,往往也具有除臭功效,主要用于厨房墙壁、排气扇、抽油烟机、炉灶、烧烤架的重油污清洁	将清洁剂喷洒于污渍表面,静置几分钟;泡沫开始变化、下滑时,用海绵擦或刷子擦拭;清洗完毕后,及时过水擦除残留物 部分重油污清洁剂是浓缩配方,需要兑水稀释后浸泡待清洁物品,如重油污格栅、烧烤架等

3.5 上光护理剂使用

上光护理剂的名称、用途及使用方法见表3-7。

表3-7 上光护理剂的名称、用途及使用方法

名称	用途	使用方法
木质家具上光剂	能在木质家具表面形成一层保护膜,防水汽、防尘、防擦伤,起上光保护的作用,延缓家具褪色、干裂、起壳和老化现象,主要用于高档木质家具的保养	先将高档木质家具表面清洁干净,再用干净的干抹布蘸取适量上光剂,均匀涂抹在物体表面,来回擦拭直至表面光洁干爽

续表

名称	用途	使用方法
皮革清洁剂	主要用于清除皮沙发、皮包、皮衣、皮坐垫等皮革制品表面的汗渍、污垢、霉斑等	使用前在不显眼处测试；用干净的布清除皮具表面的灰尘，再将清洁剂喷在皮具表面，用微湿的干净抹布来回擦拭直至污渍去除；用干净、干燥的抹布擦净多余的清洁剂
皮革护理膏	富含蜜蜡，补充皮革油脂，软化皮革，恢复皮革的柔软度和光泽，并起到防霉防菌的作用	用皮革清洁剂清洁表面后，再用干净的干抹布蘸取适量皮革护理膏，均匀涂抹在物体表面后来回擦拭，直至表面光洁干爽
地面上光剂	主要起修复划痕、恢复光泽、耐磨防滑的作用	先将地面和角落清洁干净、干爽。将上光剂喷在地面上，再用干净的超细纤维平板拖把将其从里到外、从四周到中间涂抹均匀。待地面晾干约 2 h，再用干净的超细纤维平板拖把清洁地面，擦除地面上未被吸收的上光剂。待地面风干后，即可正常使用
擦铜膏/水	擦铜膏/水是一种上光剂，主要用于清除金属锈，并在金属制品表面形成保护膜，使其表面保持光洁	先用半干抹布将铜制品表面清洁干净，再用干抹布蘸少许擦铜膏/水，擦拭铜制品表面。使用过程中必须防尘、防留手印

3.6 抹布文化

3.6.1 抹布的认知

抹布是清洁工作时必不可少的工具，长期以来，人们对使用率极高的抹布缺少必要的认识，很多家庭中的一块抹布"身兼多职，包揽全局"，使用后经常不及时清洗、平时随意扔在灶台上，这种做法是错误的，这样的抹布会成为家庭生活中的污染源。抹布直接与污染物接触，时间长了就会有污秽物质存留并滋生大量的细菌，而且一块抹布擦拭不同的器物和场所，会增加不同种类细菌的交叉传播机会，从而给居家生活带来健康方面的重大隐患。

家政人员在做清洁整理时，可以将正确的理念传达给客户，应根据不同空间、器物材质使用不同的抹布。只要正确对家庭使用的抹布进行分类，很快就能得心应手地使用，并不会因为抹布多而造成混乱。

3.6.2 抹布的种类

家庭应配置多种不同材质、不同颜色的抹布，以更好地做好清洁工作，避免细菌传播。

1. 抹布的材质

抹布的材质有珊瑚绒、超细纤维、竹纤维等，见表3-8。

表3-8 抹布的材质

类别	特点	应用	图示
珊瑚绒清洁抹布	绒毛细密柔软，不易掉毛	适用于地板、家具等的清洁	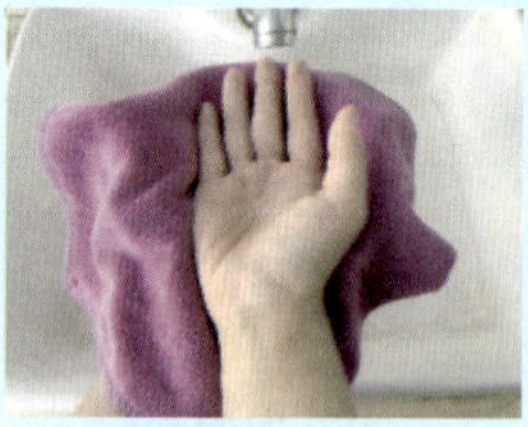
超细纤维清洁抹布	针布细密，手感顺滑，擦拭不留水印，不掉毛	适用于厨具、家具、家用电器屏幕等的清洁	
竹纤维清洁抹布	不易掉毛，无异味，能快速去除油污	适用于厨房墙壁、橱柜、抽油烟机的清洁	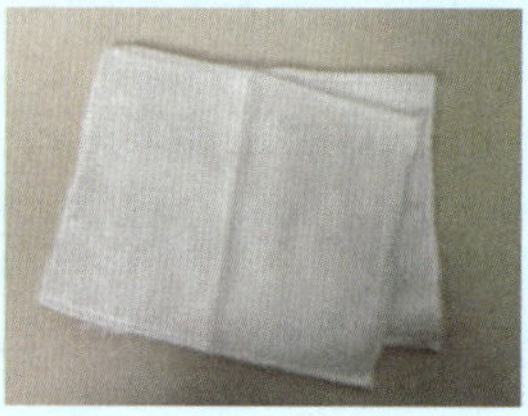

2. 抹布的色彩

在家庭中，厨房和卫浴室使用抹布的频率较高，需要做好分类。可以用不同颜色进行区分，每个家庭可根据自身喜好选择颜色。

（1）厨房

洗碗抹布（白色）：主要用于餐具、锅具的清洁。

灶面抹布（白色）：主要用于灶面、橱柜、厨房电器的清洁。

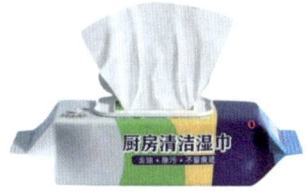

一次性厨房清洁湿巾：自带强效清洁物质，主要用于抽油烟机、燃气灶面等重油污区域的清洁。

地面抹布（褐色）：主要用于厨房地面的清洁。

（2）卫浴室

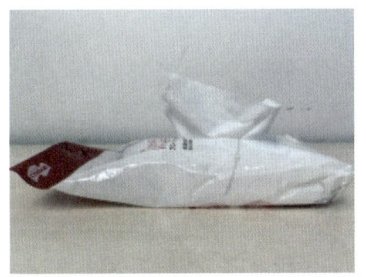

一次性防静电除尘巾：可吸附掉落的毛发等。

玻璃抹布（灰色）：用于镜子、淋浴房玻璃的清洁，可有效去除水印，使玻璃光亮如新。

| 居家清洁整理

便器抹布（紫色）：便器抹布一定要与其他抹布分开，专巾专用，通常选用紫色，便于识别。

瓷器抹布（蓝色）：主要用于台盆、浴缸等的清洁。

擦手巾（黄色）：以棉质、不掉毛为主，擦手巾的颜色不做固定要求，一般与卫浴室的其他毛巾颜色区别即可。

地面抹布（褐色）：主要用于卫浴室地面的清洁。

3. 抹布的使用场景

抹布的使用场景见表3-9。

表3-9　抹布的使用场景

类别	特点	应用	图示
阳台清洁抹布	超强吸水，不掉毛，厚实耐用，易清洗	湿用，适用于防护栏、窗框、防盗网等的清洁	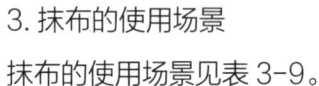

续表

类别	特点	应用	图示
家居用品清洁抹布	质地柔软，不伤漆面，配合快干除尘布使用	湿用，适用于家具、家电、皮具等的清洁	
家居用品快干除尘抹布	不掉毛、不掉色，干燥速度快	干用，适用于家具、家电、皮具等的清洁	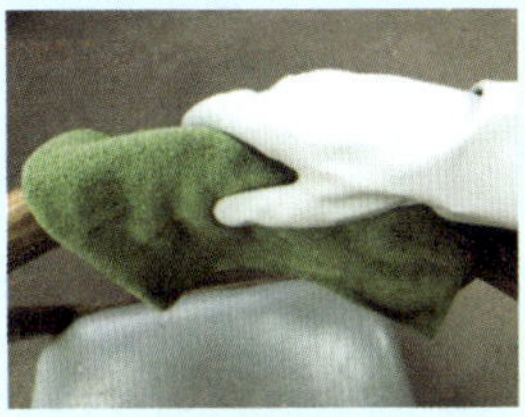
玻璃清洁抹布	针布细密，手感顺滑，不掉毛，擦拭不留水印	干用，适用于镜面、玻璃、不锈钢等干擦	
厨房油污清洁抹布	除尘圈设计，吸油性好，去污力强，易清洗	湿用，适用于厨房墙面、橱柜、抽油烟机、燃气灶、冰箱等的外表面清洁	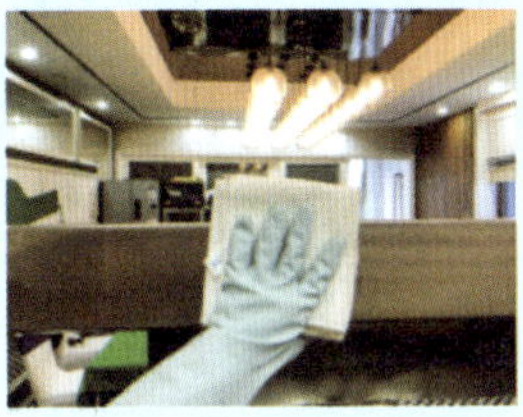
厨房清洁抹布	吸水性强，不留水印，配合厨房油污清洁抹布使用	干用，适用于厨房光面材质、不锈钢材质等的清洁	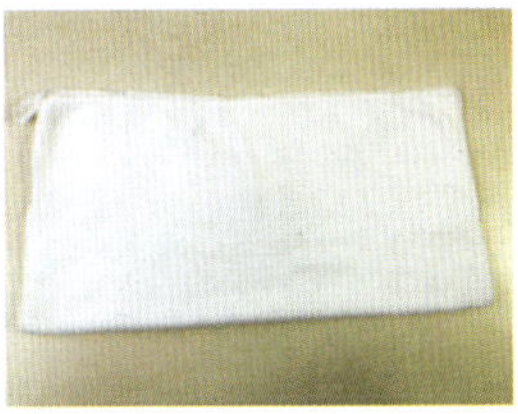
卫浴室清洁抹布	吸水性好，去污力强，抗菌，不长霉	湿用，适用于卫浴室天花板、墙壁等的清洁	

3.6.3 抹布的使用方法

使用抹布时，可以运用推、拉、搓、磨、揉、擦、刷等方法（见表3-10），提高工作效率。

表 3-10 抹布的使用方法

方法	操作说明
推	用掌跟将抹布用力往一个方向前移，主要用于大面积地面的清洁
拉	将抹布穿过缝隙，拉扯抹布的两端边角，主要用于缝隙或镂空部位的清洁
搓	用抹布来回摩擦，主要用于顽固污渍的清洁
磨	以打圈的手法摩擦物体表面，主要用于物品凹凸面的清洁
揉	轻柔地推压或搓弄物体表面，主要用于贵重物品的清洁
擦	这是抹布常用的方法，用于一般物品的清洁
刷	用刷子清除污渍，主要用于顽固污渍的清洁

培训模块 4　专项清洁整理

4.1　专项清洁

4.1.1　电器清洁

1. 抽油烟机清洁

（1）操作准备。准备竹纤维抹布、纳米海绵刷、百洁布、厨房干抹布、铲刀、抽油烟机清洁剂、吸油棉等。

（2）操作步骤

1）先将抽油烟机清洁剂均匀地喷在抽油烟机的表面，滤网及油槽要适当多喷一些，静置 5~10 min。

2）用竹纤维抹布对抽油烟机进行擦拭；油渍较严重的用纳米海绵刷或百洁布反复擦拭；油垢严重的用铲刀先将油垢铲除，再用纳米海绵刷或百洁布擦拭。

3）将竹纤维抹布洗净，以半干状态再擦拭一遍。

4）用厨房干抹布擦干。

5）在油槽上放上干净的吸油棉。

（3）注意事项。不能使用钢丝球擦拭抽油烟机的玻璃面及不锈钢面，以免刮花表面，形成不可复原的损伤。

2. 扫地机器人清洁

（1）操作准备。准备抹布、软毛刷等。

（2）清洁步骤

1）清理尘盒

①掀开上盖。

②按住尘盒卡扣，向上取出尘盒。

③用自带小刷子清扫尘盒卡槽的灰尘、头发等。

④按照尘盒箭头方向打开尘盒盖，倒出尘盒内的垃圾，为避免滤网堵塞，倒出垃圾时可以轻磕尘盒。

2）清洗可水洗滤网

①向尘盒中注入清水后关闭尘盒盖，左右摇晃尘盒，倒出脏水，此步骤反复数次，直到滤网清理干净。若滤网较脏，可用软毛刷轻轻刷洗。

②取下滤网，甩干水珠后擦干进行晾晒。

（3）注意事项

1）尘盒一般每周清理一次，可水洗滤网建议每两周清理一次。

2）用清水清洗滤网，不要添加任何洗涤剂产品。

3）滤网应在彻底晾干后再使用。

3. 冰箱清洁

（1）操作准备。准备干抹布、湿抹布、牙签、小毛刷、洗洁精、小苏打、次氯酸消毒剂（食品级）、保鲜盒等。

（2）操作步骤

1）拔下电源插头并清空物品，将冰箱里所有食品、物品都清理出来，包括冰箱里面的配件（能拆卸的都拆卸下来），如抽屉、分隔板、冰箱门上的盒子等。

2）将拆卸下来的配件放入加有洗洁精的水中进行浸泡。

3）如冰箱需要除冰，在冷冻室里放入一盆热水，关好冰箱门。

4）将小苏打加入清水里调制成清洁剂溶液，将抹布蘸湿后先擦拭冷藏室，按照从上到下、从里往外的顺序进行，最后用干抹布擦干。冷藏室的排水口可用牙签进行疏通。

5）用湿抹布擦拭冷冻室，按照从上到下、从里往外的顺序进行，最后用干抹布擦干。

6）将拆卸下来的冰箱配件分别进行刷洗，洗干净后用干抹布擦干或自然晾干。冰箱的密封胶条是个很容易藏污纳垢的地方，大多数的冰箱密封胶条是可以拆下来清洗的，拆不下来的只能用棉签或者小毛刷配合小苏打水耐心地清除污垢，如果胶条发霉可用专业的除霉菌清洁膏进行清洁。

7）将清洗好的配件安装好，注意冰箱门封条要卡紧位置。

8）用食品级的次氯酸消毒剂对冰箱内部进行消毒。

9）清洁冰箱外部，先擦拭冰箱的顶部，再擦拭冰箱的正面、两边，最后擦拭冰箱的后面，主要是用软毛刷清理冰箱背面的通风栅，然后用干抹布擦干，最后用次氯酸消毒剂进行消毒。

10）将冰箱清空出来的物品擦拭干净后分类放回冰箱摆放好，放入炭包、茶叶包等预防异味产生。

（3）注意事项

1）断电清洁整理一般一年一次，最好是在冰箱里的食材较少时进行。清洁冰箱要注意对冷冻室里的食材进行保冷。

2）日常应做好冰箱的常规清洁，防止冰箱内部结霜。平时见脏就擦，内壁有小水珠时及时擦除，每周整理一次。

3）冰箱断电清洁后要静置约 4 h 再通电工作。

4. 电烤箱清洁

（1）操作准备。准备百洁布、纳米海绵刷、干抹布、铲刀、钢丝球、油渍净等。

（2）操作步骤

1）拔掉电源插头。

2）将烤盘和烤架拿出来刷洗，如果烤盘和烤架有烧焦的污垢可以先泡水，再利用钢丝球刷除或者用铲刀铲除。

3）将油渍净均匀地喷在烤箱内的油垢上，用纳米海绵刷或百洁布擦拭烤箱内壁。

4）烤箱的加热管要用干抹布轻轻擦拭，不可用过湿的抹布擦洗。

5）用干抹布擦干电烤箱的内外壁。

（3）注意事项。电烤箱刚烤完食物不能立即清洁，要等烤箱自然冷却后才能清洁。

 **特别提示**

橘子皮放入烤箱内低温烘烤 3~5 min，可有效去除烤箱内的不良气味，产生清新的香味。

5. 电饭锅清洁

（1）操作准备。准备干抹布、竹纤维抹布、海绵刷、洗洁精等。

（2）操作步骤

1）拔掉电源插头。

2）清洗内锅前，可先用温水浸泡片刻，再用海绵刷清洗，不要用坚硬的刷子刷洗内锅，以免损坏内锅的不粘涂层。

3）用半干竹纤维抹布擦拭发热盘及四周内壁后，再用干抹布擦干。

4）电饭锅外壳的一般污渍可用洗洁精进行清洁，注意排气孔及内层隔热层的清洁。

（3）注意事项

1）内锅清洗后要擦干水分才能放入电饭锅内，以免发生漏电。

2）电饭锅的底部要避免碰撞变形；发热盘的污渍要及时清理，以免影响热效。

6. 计算机清洁

（1）操作准备。准备软毛刷、镜面软抹布、干抹布、键盘清洁泥、液晶屏幕清洁剂、酒精棉等。

（2）操作步骤

1）拔掉电源插头。

2）对显示器进行清洁，先用软毛刷刷掉显示器外表面的灰尘，然后将液晶屏幕清洁剂均匀喷在显示器屏幕表面，再用镜面软抹布将屏幕轻轻擦拭干净。

3）对键盘进行清洁，先将键盘反过来轻轻拍打，使键盘里的灰尘、食物残渣等掉落，然后用键盘清洁泥在键盘上滚动摩擦，注意边角和缝隙。

4）用干抹布对计算机主机表面进行擦拭。

5）用酒精棉对鼠标进行消毒，再用干抹布擦干。

（3）注意事项。酒精棉不可擦拭计算机显示器屏幕。

7. 洗衣机清洁

（1）操作准备。准备小刷子、干抹布、湿抹布、除霉啫喱、多功能清洁剂、洗衣槽清洁剂等。

（2）操作步骤

1）拔掉电源插头。

2）打开过滤器（要用小盆接着过滤器流出的废水），拔出旋钮，用抹布或小刷子蘸取多功能清洁剂，将过滤器内部擦洗干净后还原。

3）拆下洗衣液盒，用小刷子蘸取多功能清洁剂刷洗干净并还原。

4）将洗衣槽清洁剂直接倒入滚筒内进行内部清洗。使用前详细阅读洗衣槽清洁剂说明书，按说明书操作。

5）洗衣槽清洗干净后，观察硅胶密封圈，如果密封圈发霉，可使用除霉啫喱进行除霉，如果密封圈干净，用干抹布把密封圈擦干即可。

6）将洗衣机表面按照从上到下的顺序进行擦拭，如果有污渍可用抹布蘸取清洁剂进行擦拭。

7）将外面的接水管道和水龙头擦拭干净，打开门盖，自然晾干内部，避免发霉。

（3）注意事项。不要把洗衣槽清洁剂倒入洗衣液盒里使用。

8. 空调清洁

（1）操作准备。准备刷子（短毛刷和长毛刷各1个）、干抹布、湿抹布、空调清洁剂、空调清洁罩、高压水枪、高温蒸汽枪等。

（2）操作步骤

1）拔掉电源插头。

2）打开空调外盖，将过滤网及导风轮拆卸下来，再用短毛刷配合清水冲洗干净，自然晾干。

3）将空调清洁罩套在空调机上，然后在导风轮内部和制片冷凝器上喷上空调清洁剂，静置片刻，再用高温蒸汽枪对翅片进行高温蒸洗，达到消毒、杀菌、除异味的目的。

4）用长毛刷刷洗导风轮内部，让清洁剂溶解分解风轮里的污垢。先用高压冷水清洗导风轮内部的污垢，再用高温蒸汽枪冲洗干净。

5）将清洗干净的过滤网和导风轮安装还原，盖上盖子，并用抹布将外部擦拭干净。

（3）注意事项

1）拆卸导风轮要先拆中间卡扣，再拆两边卡扣。

2）蒸洗的时候注意避开控制面板，防止进水造成短路。

4.1.2 织物清洁

1. 窗帘清洁

（1）操作准备。准备吸尘器、高温蒸汽清洗机、专用清洁剂等。

（2）操作步骤

1）窗帘容易积灰尘，产生大量细菌，较小、较轻的窗帘应定期拆洗。

2）对于大规格且厚重的窗帘可先用吸尘器进行吸尘清洁，再用高温蒸汽清洗机按照从上到下、从左到右的顺序清洗。也可拆下厚重窗帘，送至专业机构进行清洗。

（3）注意事项

1）吸尘器吸头要紧贴窗帘，吸力要适中，对于灰尘较多的可操作两遍。

2）使用高温蒸汽清洗机时，应做好防护，以免流下的脏水污染其他物品。

2. 床垫清洁

（1）操作准备。准备抹布、小毛刷、除螨仪、吹风机、纸巾、牙膏、小苏打、油渍清洁剂、喷壶等。

（2）操作步骤

1）将床垫上的物品全部清空。

2）将床垫的正反面用除螨仪进行除尘除螨。

3）如有污渍，则需要做局部清洁后再做整体清洁。

①油渍。在污渍处喷上油渍清洁剂，用小毛刷擦拭后用干抹布吸干油分。用干抹布蘸清水，擦拭原油渍处，再用吹风机的冷风模式吹干。

②尿渍

A. 如果尿渍是湿的，先用纸巾或者海绵将尿液吸掉；然后将少量牙膏挤在尿渍处，用装了水的喷壶喷在尿渍处，再用小苏打兑水喷在尿渍处，重复几次后，用干抹布擦干，再用吹风机的冷风模式吹干。

B. 如果尿渍已干透发黄，则需要购买尿渍专用清洁剂。在尿渍处喷上尿渍专用清洗剂，作用 3~5 min 后用毛刷轻刷，重复刷洗几遍，最后用清水刷洗两遍后，用干抹布吸干水分，再用吹风机的冷风模式吹干。

（3）注意事项。如果对床垫进行局部清洁，一定要等清洁处干透才可套上床笠或铺上床单。

3. 地毯清洁

（1）操作准备。准备吸尘器、毛刷、干抹布、白醋、地毯清洁剂、消毒剂、高温蒸汽清洗机等。

（2）操作步骤

1）地毯的绒毛容易积灰尘，先用吸尘器整体吸灰。灰尘特别多的地方需进行二次吸尘处理。

2）地毯经常会沾染各种污渍，先对污渍进行局部处理，可配合地毯清洁剂进行清洁。将地毯清洁剂均匀地喷洒在地毯上面，约 15 min 后污渍浮出，然后用毛刷刷除。

3）有些地毯因使用时间长或未及时清理脏污而产生异味，可在温水里兑入白醋，将抹布完全用白醋水浸湿后拧干，擦拭地毯后让地毯自然风干。

4）利用高温蒸汽清洗机结合消毒剂进行除菌。吸尘后在地毯上均匀喷洒消毒剂，10 min 后用高温蒸汽清洗机滚刷清洁，最后吸干水分。

（3）注意事项

1）地毯应顺着绒毛的纹路方向清洁，不可以用齿状或边缘粗糙的工具，以免对地毯造成损伤。

2）大量污渍及污垢渗入地毯纤维后极难清洁，应注重日常清洁。

4.1.3 家具清洁

1. 皮沙发清洁

（1）操作准备。准备吸尘器、干抹布、湿抹布、纳米海绵刷、小毛刷、皮革专用清洁剂、皮革蜡、皮革清洁巾、丝绒巾等。

（2）操作步骤

1）将沙发上的物品清空。

2）先用吸尘器对皮沙发进行整体吸尘，注意坐垫下及缝隙边沿的地方也要清理，再用半干抹布擦拭沙发表面的浮尘和污渍。

3）皮沙发上的污渍应视脏污程度进行局部清洁。

①轻微污渍。用干净的纳米海绵刷蘸上温水，轻轻擦拭污垢区域，再用干抹布将污水吸净。

②严重污渍。皮沙发脏污严重时会失去原有的光泽，而且污渍会渗入真皮内层。这时就要使用皮革专用清洁剂，用小毛刷对污渍处进行局部刷洗，再用半干抹布擦拭干净。

4）清洁干净后喷上皮革蜡，用皮革清洁巾以顺时针打圈的手法打蜡，一般要打2~3次，最后用丝绒巾擦拭，使其光亮。

5）将沙发上的物品归位，摆放整齐。

（3）注意事项

1）做好定期的日常清洁以及养护，清洁时不要用太湿的抹布擦拭，以免变形。

2）要避免阳光直晒，以免开裂或发硬、变形、老化。

3）久坐区域要经常拍打，使皮料伸缩性得到良好维护，从而延长沙发的使用寿命。

4）不可以用酒精清洁皮沙发，也要避免利器划伤皮革。

2. 布艺沙发清洁

（1）操作准备。准备尘掸、干抹布、海绵擦、吸尘器、吹风机、洗洁精、小苏打、布艺沙发清洁剂、70%酒精等。

（2）操作步骤

1）在清洁的时候尘掸和干抹布可以搭配使用，先用尘掸掸去沙发表面的灰尘，再用干抹布擦拭沙发的扶手、靠背之间的缝隙等。也可以使用吸尘器，但是不要用吸刷，以免破坏织布上的织线而使织布变得蓬松。

2）用海绵擦蘸取洗洁精或者布艺沙发清洁剂清洗，清洗时不可用大量的水擦洗，布艺沙发不防水，大量水渗到布艺沙发内部会造成沙发受潮、发霉，从而产生异味、变形等。清洗后用吹风机的冷风模式吹干。

3）带绒布艺沙发可以用吸尘器对其进行初步清洁，特别是边角及缝隙，再用海绵擦蘸少许稀释的酒精扫刷一遍，最后用吹风机的冷风模式吹干。

4）如果有果汁污渍，可用少许小苏打与清水调匀，再用干抹布蘸湿擦抹清除污渍，清洗后用吹风机的冷风模式吹干。

（3）注意事项

1）对于可拆洗的布艺沙发，要根据不同的材质进行清洗，以免出现褪色、缩水等情况。

2）带护套的布艺沙发一般均可拆洗。其中弹性护套可以在家中用洗衣机清洗，较大型棉布或亚麻布护套可送干洗店清洗，禁止漂白。

3）要注意防潮，以免沙发内部填充物发霉。如果摆放沙发的地面容易潮湿，最好将沙发脚垫起来。

4）布艺沙发要尽量避免阳光直晒，以免布料干燥硬化而开裂，拆下清洗的沙发套应平铺晾干，不可暴晒。

3. 木质沙发清洁

（1）操作准备。准备毛刷、棉签、尘掸、干抹布、湿抹布、家具清洁剂、家具蜡等。

（2）操作步骤

1）按照从上到下的顺序先用尘掸清扫灰尘，对于缝隙、雕花、镂空里的灰尘可用大小毛刷、棉签等清洁。

2）用半干抹布先擦拭一次（如较脏可加入适量家具清洁剂），按照从上到下、从正面到反面的顺序顺着木纹的方向擦。

3）用干抹布擦干，做到无灰尘、无污渍、无水印。

4）家具清洁后须晾干再进行打蜡，可选用水溶蜡、木蜡油等。如果家具有细小划痕可选用家具粗蜡。打蜡要顺着木纹的方向打，力度均匀，手法快速；打蜡一般打2次，等蜡较干时再用专用抹布对家具进行擦拭。

（3）注意事项。打蜡后的家具不可以立刻使用，要等蜡干透后才能使用；木质家具平时要注意防水、防阳光直晒，以防变形和开裂。

4.2 专项整理

4.2.1 鞋柜整理

1. 操作准备

准备干抹布、湿抹布、软毛刷、酒精、鞋油、干燥剂、热缩膜、鞋撑、鞋柜除味剂等。

2. 操作步骤

（1）清空鞋柜。将鞋柜里所有的物品清空，摆放在合适区域。

（2）清洁鞋柜。用干抹布擦拭，去除灰尘，鞋柜需要定期消毒，可用酒精喷洒在鞋柜上，或者用消毒水擦拭，最后用干抹布擦干。

（3）空间规划。换季的鞋子暂时不穿，可以放在鞋柜上层区域，或用收纳箱收纳。当季的鞋子分两种，经常穿的放在容易拿取的中间区域，不常穿的放在下层区域。

（4）鞋子分类。检查是否有破损、变形、老旧或者长时间不穿的鞋子，征询客户意见，是否进行丢弃。对保留的鞋子分类分区域摆放。

1）按季节分：当季的、换季的。

2）按使用频率分：经常穿的、不常穿的。

3）按款式分：运动鞋、休闲鞋、皮鞋、高跟鞋、靴子、居家鞋等。

（5）鞋子清洁保养。家政人员一般只做基础的清洁保养，包括除尘除污、防潮防尘等，干燥剂可塞入换季的鞋内进行防潮，热缩膜可防潮、防刮花，鞋撑可定型鞋子。

（6）鞋子摆放。一是具有美感，如鞋尖统一朝外。二是巧用空间，如儿童的鞋子可以采取侧式摆放，同样的空间可以容纳双倍的鞋子。

3. 注意事项

（1）居家穿着的拖鞋要定期清洗及消毒。

（2）鞋柜容易产生异味，可放一些炭包、茶叶包，或者喷鞋柜除味剂。

4.2.2 衣柜整理

1. 操作准备

准备干抹布、湿抹布、防尘袋、防潮珠/袋、除虫剂、分隔收纳盒、收纳箱、植绒衣架等。

2. 操作步骤

（1）衣柜空间规划。将衣柜清空，对衣柜进行清洁，用半干抹布进行擦拭，再用干抹布擦干，对衣柜进行空间规划。

1）上层空间。上层空间的特点是位置较高、板材承重有限，需要借助人字梯或椅子才能拿取物品，适合收纳体积较大但不太重的物品，如换季的衣物、床上用品等。

2）中层空间。中层空间一般有悬挂区（长、短），板层区，抽屉等，拿取方便，适合收纳当季的衣物。

3）下层空间。下层空间与地面相接，承重性强，但是位置较低需要蹲下取物，因此可以收纳不经常使用的衣物或者较重的物品。

（2）衣物检查、分类。对衣物进行检查，如是否破损、串色、变形、过时、尺码不合适等，在客户的确认下对衣物进行断舍离，然后对留下的衣物进行分类。

1）可按季节来分，如当季的、换季的。

2）可按衣物类别或者款式来分类。

①外套类：大衣、羽绒服、皮草大衣等。

②上衣类：西装、风衣、针织衫、卫衣等。

③下装类：短裤、七分裤、半身裙、西裤、牛仔裤等。

④冬装类：毛衣、卫衣、棉衣、羽绒服等。

⑤夏装类：连衣裙、衬衫、短裙等。

（3）衣物折叠。传统的衣物折叠方法在拿取衣物的时候容易造成散乱和塌垮。学习一些专业的衣物折叠方法可以避免这类问题。

1)"口袋"法。把衣物摊平，根据衣物大小选择对折或三折法，通常童装对折，成人装三折。对衣物进行三折时，在衣物的左右 1/3 处翻折，袖口内折或者外翻均可。然后将衣物下摆往内折，即做出"口袋"的形状，"口袋"的大小根据抽屉大小决定。接着把领口处往"口袋"折，最终塞进"口袋"。"口袋"法折叠好的衣物通常竖放在抽屉中，优点是拿取方便、不容易散乱，缺点是可能会产生折痕，名贵衣物不适用于该折叠法。

2）卷筒法

①T恤卷筒叠法。先将T恤平铺，然后将双手放在T恤的左侧，将T恤的左侧

向右折叠至合适位置；然后将 T 恤的右侧向左折叠，使 T 恤成为一个长方形；最后将 T 恤从下摆往领口卷成一个卷筒。

②衬衫卷筒叠法。先将衬衫背面向上平铺，将领口处的钮扣扣上，将领子竖起；将袖子向内折叠，将衬衫的左右两侧向中间折叠，使衣物成为一个长方形；然后将衬衫从下摆往领口卷成一个卷筒，注意不要卷得太紧，以免产生明显褶皱。易皱、丝滑面料类的衬衫不宜采用卷筒法折叠。

（4）衣物陈列摆放

1）一般衣物陈列的原则是能挂则挂，无须折叠，省时省力。悬挂的衣物最好使用统一尺寸的薄型衣架，可以增加挂衣数量，根据季节、类型、长短顺序挂衣，既方便寻找，又能提升衣物下方空间使用率。

2）悬挂的衣物一般为较正式或容易起皱的，包括衬衫、西装、西裤、连衣裙、外套、礼服等。

3）面料挺括、不易起褶皱的薄型衣物，可折叠后收纳在抽屉或收纳盒中。

3. 注意事项

（1）对于较名贵的衣物，可利用防尘袋进行防尘。

（2）在梅雨季节或湿度较大的季节，可利用防潮珠／袋防潮。

（3）可使用衣物专用防虫剂，尽量选择无色、无味的防虫剂。

4.2.3 冰箱整理

1. 操作准备

准备干抹布、湿抹布、密封袋、保鲜盒、牛皮纸袋等。

2. 操作步骤

（1）将冰箱里所有的物品清空出来，冷冻室里的食品用保温箱保管，预防食物变质或融化。

（2）将冰箱里的食品进行检查及断舍离，过期、变质、腐烂食品告知客户后丢弃，丢弃时注意做好垃圾分类，干湿应分离。

（3）将食品按类别整理，一般可以分为果蔬、饮品、调味品、干货、肉、蛋、乳制品、速冻产品等。可采用冰箱收纳工具，以使冰箱更加整洁，客户取用时更加方便。

1）牛皮纸袋：存放蔬果类。

2）门架上收纳盒：收纳小而杂乱的物品，如小包装调味品、用过的奶酪等。

3）透明食品保鲜盒：存放剩饭、剩菜、肉类等。

4）密封袋：分装量较大的食材。

5）密封瓶：存放干货、较小的食材、腌制品等。

6）抽屉式储物盒：存放饮料、零食等。

（4）在物品分类的基础上，对冰箱内部的区域进行合理划分，更高效地利用冰箱。

1）冷藏区。冰箱冷藏区一般由板层、抽屉、门架组成。

①板层区一般为3层，上层可以存放需要冷藏的调味料、乳制品等；中层存放常用的食材，如没有吃完的饭菜、水果等；下层存放鸡蛋，鸡蛋可以用专用收纳盒进行收纳，便于拿取，防止破碎。

②抽屉区一般为0℃保鲜区，其保鲜能力较强，可以分别存放蔬果、药材等。

③冰箱门架上一般收纳对温度要求不高的食材，如饮料、调味品，注意鸡蛋不适合放在门架上（门架上有鸡蛋架的除外）。

2）冷冻区

①冰冻肉区（需要化冻）可存放禽类肉、猪牛羊肉、鱼、火腿、腊肉、丸子等。

②冰冻成品区（无须化冻）可存放饺子、汤圆、手抓饼等。

③海鲜干货及高档药材收纳在冷冻上层空间。

④抽屉式冷冻区存放食材时，应避免食材堆叠，以免遗忘底下的食材，可以使用透明收纳盒或者密封分装袋，让食材竖立摆放。

3. 注意事项

（1）冰箱不要装太满，一是保证冰箱内的冷气循环良好，以取得更好的保鲜和节能效果，二是给临时需要进冰箱的物品留位置。

（2）应注意区分不宜放进冰箱的食材。

1）气味大的，如榴莲、洋葱、臭豆腐等，会造成冰箱异味。

2）根茎类的，如红薯、土豆、山药等，容易长芽。

3）热带水果，如香蕉、芒果等，容易长黑斑。

4.2.4 玩具整理

1. 操作准备

准备酒精、收纳盒、收纳箱、密封袋等。

2. 操作步骤

（1）检查和盘点所有玩具，先做断舍离。需要家长和孩子一起决定，破损类的玩具是否丢弃，不适于孩子现阶段玩耍的低龄玩具、不喜欢的玩具、长时间不玩的玩具是否打包存储，做完决定后对玩具进行丢弃、打包存储，留下现阶段适宜的玩具。

（2）对留下的玩具进行消毒和清洁，塑料类玩具表面可用酒精擦拭，毛绒类玩具进行清洗后放在阳光下暴晒，可水洗浸泡的小件玩具可以浸泡在水中（可视玩具脏污程度加适量清洁剂）进行深度清洁。

（3）规划玩具的收纳区域，用不同的器具进行整理收纳。

1）摆放位置应以方便孩子随时取用及归位为原则，放在适合孩子身高的储物架或者柜子上，如果没有合适的矮柜，可以把玩具放在柜子的下层。

2）如果玩具太多，可以选择透明的收纳筐，不要太深。如果是深筐，就只装同一类的玩具；浅筐更易于孩子寻找想要的小玩具，也更利于孩子自己收拾归类。

3）利用密封袋收集小的玩具，比如拼图。

4）水彩笔、油画棒、蜡笔，可选择带分隔的笔盒来收纳。

5）积木、乐高可选透明的收纳盒，最好是带分格的有盖盒子，方便收纳，不容易落灰。

6）儿童书籍可以存放在矮脚旋转书架上，高度适合孩子拿取，容量可观，结实耐用。

7）玻璃柜是热爱手办的孩子的首选整理工具，透明玻璃展示清楚，美观方便。

3. 注意事项

（1）玩具储物柜、书架等的高度应适宜，尽量不要选择太高的开放式柜子或架子，防止东西掉落，砸伤孩子。

（2）放置玩具应该遵循孩子"够得着"的原则，放在适合孩子拿取的位置。

（3）可以对不同类别的玩具进行收纳箱固定、摆放位置固定，也要告知孩子玩具存放的原则，让孩子知道玩玩具的固定空间，不要乱拿乱放，玩好后要把玩具放回原位。

4.2.5 书柜整理

1. 操作准备

准备干抹布、湿抹布、书立等。

2. 操作步骤

（1）清空。把书籍按区域从书柜中取出，同一层或同一个书架的书籍要放在同一处，以免归置时错位，影响客户取用。

（2）清洁。用半干抹布将书柜擦拭干净后用干抹布擦干，将书籍上的浮灰用干抹布抹去。

（3）书籍分类。书籍分类一般按照客户原有的习惯摆放，如客户提出要求，希望能分门别类重新整理，家政人员可按照以下分类方法实施。

1）按书籍使用者分类，不同的书架分属于不同的家庭成员，然后再把每个人的书籍按照使用频率或使用场景（如工作、兴趣、工具、学习等）分类。

2）按照书籍的常见类别分类，如工具书（字典、辞典等），期刊，漫画等。

3）按照使用者的习惯、使用频率、兴趣爱好等分类，需要多征询客户意见。

（4）陈列摆放。常用或者是近期想要看的书籍放在容易拿取的区域，不常看的书籍可以放在上层或者下层。摆放要按照一定的规律，一般来说同类别的书籍按从高到低、从厚到薄、成套系、同色系摆放。

3. 注意事项

（1）书籍日常清洁时扫尘即可，不要用湿布擦拭。

（2）如空气湿度过大，如梅雨季节需要对书房进行抽湿或摆放防潮物品。

培训模块 5　衣物清洗与熨烫

5.1　衣物清洗

5.1.1　清洗前检查

1. 检查衣物的口袋中是否有物品，如笔、钥匙等应取出后征询客户摆放的位置；纸条、纸巾等应征询客户意见，不要随意丢弃，以免产生争议。

2. 检查衣物是否有破损、饰物不全等情况，如有以上情况要告知客户。如有严重污渍应做预处理。

3. 检查洗衣机内是否有硬物和异物，以防刮坏衣物。

5.1.2　衣物分类

1. 手洗类

（1）内衣裤（专用盆）。

（2）娇贵的轻薄面料。

（3）毛衣类，特别是羊毛、羊绒类衣物。

（4）袜子（专用盆）。

2. 机洗类

（1）棉质T恤、居家服、运动服。

（2）外套、裤子。

3. 干洗类

（1）西装类。

（2）皮草类。

（3）晚礼服类。

（4）高档大衣、外套。

5.1.3 常见衣物清洗标签

Do not dry clean. 不能干洗。

Dry clean able. 可以干洗。

Do not wash. 不能水洗。

Handwash in cold water. 用冷水手洗。

5.1.4 常见污渍及其清洗方法

常见污渍较多，选取适宜的清洗方法可以事半功倍，见表5-1。

表5-1 常见污渍及其清洗方法

污渍类别	清洗方法
泥水渍	先用冷水浸泡片刻，再用肥皂或洗衣粉搓洗
血渍	当衣服刚沾染上血渍，应立即用冷水或淡盐水浸泡，再用肥皂溶液或含酶洗衣粉清洗。如果是存留已久的血渍，要先在冷水中加入适量盐或者含酶洗衣粉，将含有血渍的衣物浸泡2 h左右，再进行搓洗 注意禁用热水，因血内含蛋白质，遇热会凝固，导致难以清洗
机油渍	将少量卸妆油直接滴在机油渍上，停留3 min左右，用小刷子（废弃旧牙刷也可以）蘸取少许洗洁精刷机油渍处，此时有一些白色泡沫，等待泡沫消失后查看机油渍是否已清除。如未清除彻底，可重复以上步骤，最后进行常规洗涤
饭菜油渍	在污渍处涂抹少量牙膏，再涂抹少许洗洁精，用小刷子刷匀，等干后，再涂抹少许洗洁精，等待片刻后进行常规洗涤
人体油脂	衣领及衣袖经常会有人体分泌的油脂污垢，可在衣物清洗前（注意衣物不能泡湿）用衣领净直接喷在衣领及袖口上，静置约10 min后进行常规洗涤

续表

污渍类别	清洗方法
圆珠笔、水笔印	先用酒精涂在笔迹处静置片刻，再涂肥皂搓洗
果汁渍、发黄、染色	将适量漂白剂、洗衣粉、洗洁精、温水混合在一起，放入衣物浸泡约1 h，水要没过衣物，再进行常规洗涤

5.1.5 衣物保护（机洗）

1. 将有吊绳衣物、易勾丝衣物、易变形衣物等分类装入洗衣袋。

2. 放入洗衣片，有效预防因衣物掉色造成的串色、染色等问题。

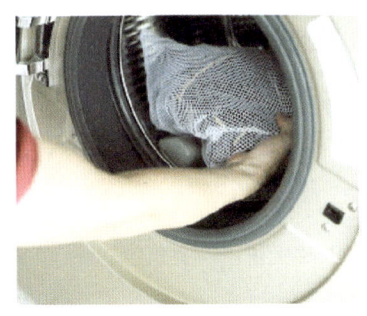

将衣物分类装入洗衣袋

放入洗衣片

3. 对拉链头、装饰物等进行必要的保护。

5.1.6 衣物洗涤（机洗）

1. 关洗衣机门时检查，确保衣物完全放在机门以内，以防机门夹坏衣物。

2. 目前，多数洗衣机具有洗涤剂自动投放功能，如果洗涤盒内洗涤剂余量不足，洗衣机的显示面板上会有提示，注意查看提示即可。

如果洗衣机无自动投放洗涤剂功能，注意不要直接投放在衣物里，特别是浓缩型的洗涤剂，要先将洗涤剂稀释，或者先放水，再放洗涤剂，避免衣物掉色或串色。另外，注意洗涤剂投放量，投放太多会造成洗涤剂残留；投放不足会造成衣物清洗不干净。

3. 为了减少衣物褶皱、增加清洁力度，可以放洗衣球。

4. 根据衣物性质选择合适的清洗功能。

5.1.7 衣物晾晒

1. 棉麻、生纱清洗后，不可暴力拧干，需撑开后晾晒。

2. 深颜色的衣物建议反面晾晒。

3. 毛衣、针织面料等易变形的衣物可用晾衣篮晾晒，将衣物平铺晾干，以免拉长变形。

5.2 衣物熨烫

熨烫是通过一定的工具（如熨斗、烫台等）和方法使各种服装外观达到平整、挺括、定型的一种工艺。熨烫的方法见表5-2，熨烫的注意事项见表5-3。

表5-2 熨烫的方法

类别	说明
推烫	运用熨斗的推动压力对衣物进行熨烫，适用于衣物面积较大、平整、无褶皱并可平展的部位
注烫	利用熨斗尖部对衣物上某些小范围（如衣物纽扣和某些饰物的周边）进行熨烫，在操作时应注意提起熨斗后底部
托烫	对于某些衣物不规则的部位（如肩领部、裙子的折边等），在熨烫时不能放在烫台上熨烫，而必须在"棉枕头"上托着进行熨烫
侧烫	衣物的筋、裥、缝等部位在熨烫时必须应用熨斗的侧面熨烫，不能影响衣物上的其他部位
焖烫	使用熨斗时加重压力，缓慢地对衣物进行熨烫，使之平服、挺括，常用于熨烫衣领和袖子

表5-3 熨烫的注意事项

类型	注意事项
衬衫	熨烫时避开扣子，衣兜、衣领要单独熨
裤子	衣兜单熨；裤子中线应熨平，沿已经熨好的裤子中线再次熨烫进行压边处理
领带	垫布不宜过湿，以不滴水为准；一次到位，不要反复熨烫

5.2.1 衬衫的熨烫顺序及质量标准

1. 熨烫顺序

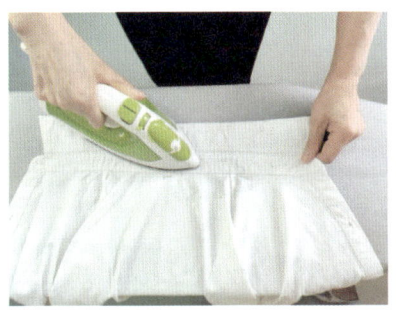

（1）领子正反面

（2）左右肩托

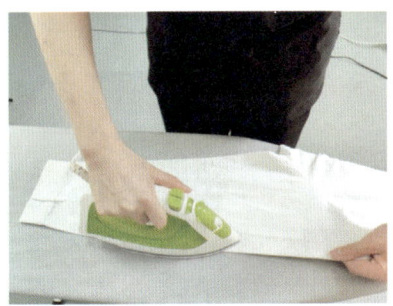

（3）左右袖子

（4）前襟（不带纽扣）

（5）后背

（6）前襟（带纽扣）

2. 质量标准

（1）衣领平整挺括，整个衣领领围要熨烫成圆形，后领要熨实。

（2）两肩平服，袖口要熨成圆形，不起褶皱。

（3）前襟贴边整齐挺直，纽扣部位不留印痕，服装平整挺括。

5.2.2 西装的熨烫顺序及质量标准

1. 熨烫顺序

（1）领子内侧

（2）领子外侧

（3）左右袖子

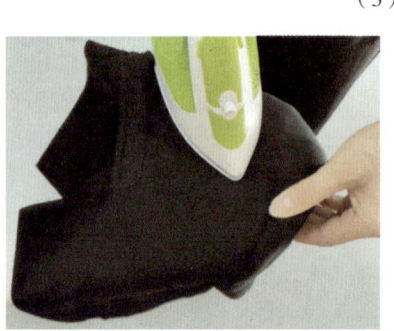

（4）左右肩背

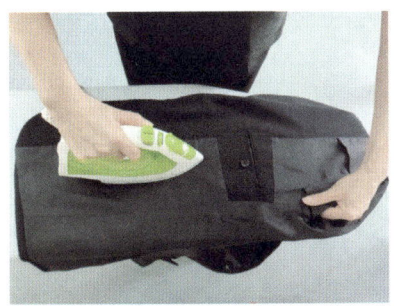
（5）左前襟反面

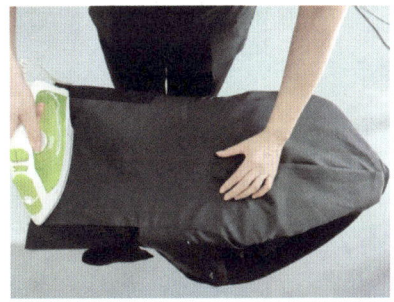
（6）后背反面

（7）右前襟反面

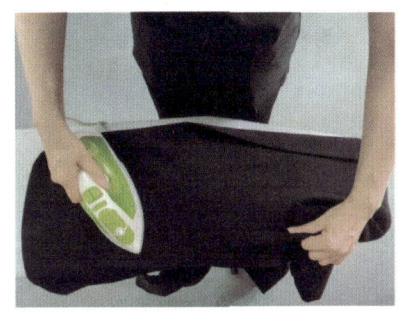
（8）右前襟正面

（9）后背正面

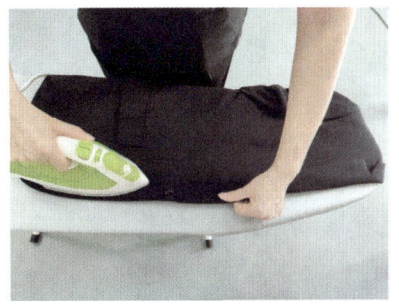
（10）左前襟正面

2. 质量标准

（1）衣领整齐、挺括，领角不翘，领口烫实，翻领大小相等。

（2）胸部挺括、饱满。

（3）左右前襟平板，口袋平挺服帖；后身平整，肩头平圆，两袖平挺。

（4）全身无亮印。

5.2.3 西裤的熨烫顺序及质量标准

1. 熨烫顺序

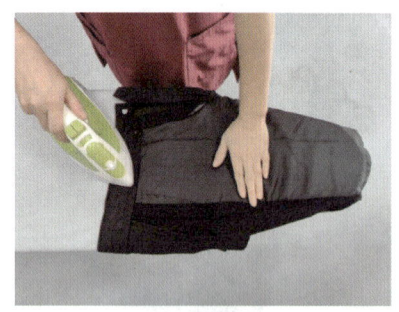

（1）裤腰反面

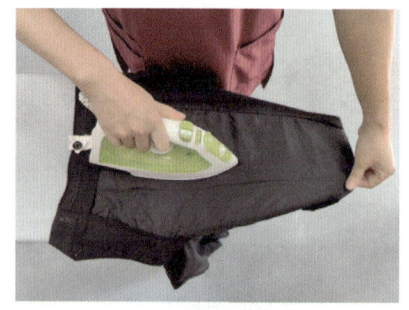

（2）臀裆部反面

（3）裤子反面接缝

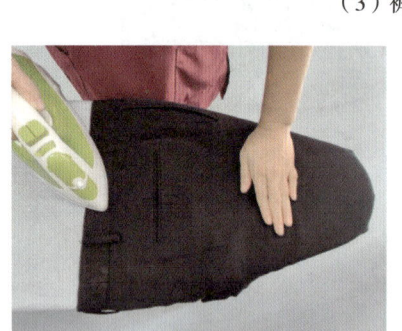

（4）裤腰与臀裆部正面

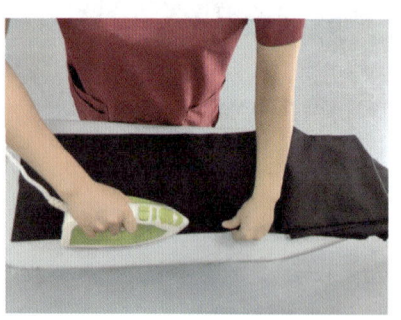

（5）裤筒中线

2. 质量标准

（1）裤子整体挺括。

（2）裤子中线处于裤腿中间位置，中线明显且笔挺。

（3）裤腰、门襟没有褶皱。

（4）裤子表面没有亮印。

5.2.4 短裙的熨烫顺序及质量标准

1. 熨烫顺序

（1）衬裙

（2）裙子反面接缝

（3）裙腰

（4）靠近裙腰的打裥处

（5）裙身

（6）裙襟开衩口

2. 质量标准

（1）裙腰自然平整。

（2）下裙身平整。

（3）裙襟熨烫自然，不留印痕。

（4）裙后开衩处不留印痕，不留亮印。

培训模块6 家庭不同区域清洁整理

6.1 卧室清洁整理

卧室清洁整理总流程

6.1.1 卧室清洁整理重点

1. 窗

（1）窗槽。先用小毛刷对窗槽进行扫尘，再用半干抹布进行擦拭；也可以直接用包裹着抹布的小铲刀沿着窗槽的线槽进行擦拭。注意窗槽的边角缝隙应清理干净，可用吸尘器的扁平吸嘴进行除尘。

（2）玻璃。清洁玻璃时，要在玻璃下方铺毛巾，接住清洁玻璃时流下的清洁剂、脏水等。

目前双面玻璃擦应用广泛，可同时清洁内外玻璃，注意将外侧玻璃擦的安全绳套在手腕上。将玻璃清洁剂均匀地喷在玻璃上，将双面玻璃擦在玻璃上吸合，从上至下清洗玻璃，边角的水可以用玻璃抹布擦干。

如果没有双面玻璃擦，一般不对窗户外层玻璃进行清洁，家政人员禁止高空危险作业。

2. 床

（1）床清洁。将枕头和被子挪开，用床扫帚清扫床铺上的尘絮及头发。用半干抹布清洁床头柜、床架、床头等，再用干抹布擦拭干净。

（2）床整理

1）床头柜。将床头柜上的物品摆放整齐。

2）床单（床笠）。将床单（床笠）拉平整，与床垫贴合，四角服帖，无褶皱。

3）枕头。拍打枕头，使其蓬松不凹陷；枕头摆放不要紧贴床头，要有一个拳头的距离；枕套如果有花边等装饰物，要整理平顺。

4）被子。被子可以平铺，也可以折成豆腐块。平铺时要求将褶皱捋平，距离枕头一个拳头的距离，四角自然垂落且垂落距离均等。如果选择折被子，可根据被子厚度选择四折或三折，折好的被子表面光洁，四周成方正的直角或圆弧角均可。

3. 梳妆台

（1）按照从上到下的顺序清洁梳妆台表面。清洁镜子时，先喷洒适量玻璃清洁剂，用玻璃刮从上往下刮一遍，再用玻璃抹布擦拭镜子，使镜子无水印、无灰尘，光洁明亮。

（2）用半干抹布对台面物品进行擦拭，然后用干抹布擦干。

（3）将梳妆台上的物品分类，如化妆品、护肤品、饰品等；再按照从大到小、从高到低的顺序进行摆放，标志朝外。

（4）经常使用的物品摆放在顺手的地方，同类统一摆放。如物品多而零散，可利用整理工具收纳，如首饰盒、口红收纳盒等。

4. 衣柜

按照从上到下的顺序，以"S"形手法用半干抹布对衣柜表面进行擦拭。注意门把手要多擦几次，最后用干抹布擦干。衣物分类折叠后放进衣柜，其整理方法可参考"4.2.2 衣柜整理"。

注意穿过的衣物不要放回衣柜。

5. 门

木质结构的门用半干抹布擦拭，按照从上到下的顺序，先擦拭门框，再擦拭门顶，再用"S"形手法对门的正面及反面进行清洁。不锈钢门把手可用70%酒精喷洒消毒，自然风干后用玻璃抹布进行擦拭。

6. 开关

开关清洁时用半干抹布擦拭，缝隙可用棉签清洁，注意边角缝隙要清洁到位。清洁后可用酒精棉擦拭消毒。

7. 踢脚线与地面

（1）用半干抹布擦拭踢脚线。

（2）对地面进行吸尘，按照从里到外、从边角到中心的顺序进行，注意床底等清洁死角，建议卧室地面两天吸尘一次。

（3）用平板拖把拖地，如地面较脏，先用拖把沾适量清洁剂擦一遍，再用拖把沾适量清水擦一遍。最后用干抹布擦拭干净。

8. 垃圾桶

垃圾桶通常为可直接水洗的材质，可以直接用毛刷刷洗，按照从里往外、从上到下的顺序进行清洁。清洗干净后用干抹布擦干，最后用酒精进行消毒，自然晾干后套上垃圾袋。

垃圾桶的垃圾尽量不要过夜，做到一日一清，以免滋生蚊虫。

6.1.2 卧室清洁整理标准

卧室清洁整理标准见表6-1。

表6-1 卧室清洁整理标准

清洁区域		清洁整理标准
窗	窗槽	1.无灰尘；2.无污渍；3.滑道内无杂物；4.无积水
	玻璃	1.无污渍；2.无灰尘；3.无水印；4.无水珠；5.洁净明亮
床	床头	1.床头物品摆放整齐；2.无灰尘；3.无杂物；4.无水印
	床面	1.被褥、衣物叠放整齐；2.床单（床笠）平整无褶皱；3.无杂物；4.无灰尘；5.枕头蓬松、并列摆放；6.被子平铺整齐或折成豆腐块
	床边	1.无灰尘；2.无水印；3.无杂物；4.无残留污渍
梳妆台		1.台面无污物、无杂物；2.物品统一从大到小、从高到低摆放，标志朝外；3.瓶身无灰尘
衣柜		1.表面无污渍、无水印；2.把手无污渍、无水印
门		1.无手印；2.无污渍；3.无水印；4.光亮；5.门框周边无灰尘
开关		1.无手印；2.无污渍；3.无水印；4.开关周边无灰尘
踢脚线与地面	踢脚线	1.无污渍；2.无灰尘
	地面	1.无灰尘、无毛发、无污渍（如茶渍、饮料渍、黑印等）；2.光亮；3.物品摆放整齐有序；4.地面上能挪动物品下清洁到位
垃圾桶	表面	1.无污渍；2.无灰尘；3.无水印
	内部	1.无污渍；2.无异味；3.无残留垃圾；4.套上干净垃圾袋，保持干爽

6.2 书房清洁整理

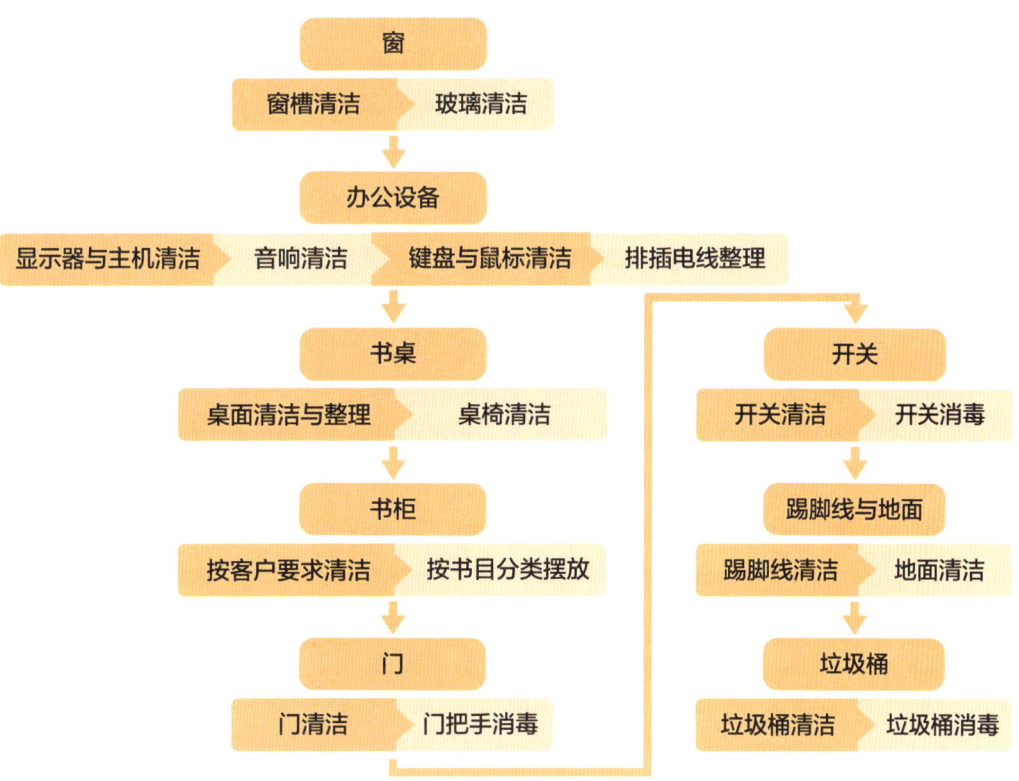

6.2.1 书房清洁整理重点

1. 窗

（1）窗槽。先用小毛刷对窗槽进行扫尘，再用半干抹布进行擦拭；也可以直接用包裹着抹布的小铲刀沿着窗槽的线槽进行擦拭。注意窗槽的边角缝隙应清理干净，可用吸尘器的扁平吸嘴进行除尘。

（2）玻璃。清洁玻璃时，要在玻璃下方铺毛巾，接住清洁玻璃时流下的清洁剂、脏水等。

将玻璃清洁剂均匀地喷在玻璃上，将双面玻璃擦在玻璃上吸合，注意将外侧玻璃擦的安全绳套在手腕上，然后按顺序清洗玻璃，边角的水可以用玻璃抹布擦干。

2. 办公设备

（1）显示器与主机

1）先用软毛刷刷掉显示器外表面的灰尘，然后将液晶屏幕清洁剂均匀喷在显示器屏幕表面，再用镜面软抹布轻轻将屏幕擦拭干净。

2）用半干抹布对计算机主机表面进行擦拭。

（2）音响。用半干抹布擦拭音箱，注意擦拭喇叭时要轻柔。

（3）键盘与鼠标

1）对键盘进行清洁，先将键盘反过来轻轻拍打，使键盘里的灰尘、残渣等掉落，然后用键盘清洁泥在键盘上滚动摩擦，注意边角和缝隙清洁到位。

2）可以用酒精棉对鼠标进行消毒，再用干抹布擦干。

（4）排插电线。用干抹布将排插表面、电线外圈擦拭干净，如果各类电线太多，建议使用电线收纳盒。

3. 书桌

（1）桌面。将桌面上的东西全部归置在一旁，先用半干抹布擦拭桌面，再用干抹布擦拭干净。将桌面上的物品做好外表面清洁，然后按照一定的顺序或规律分类摆放，保持桌面的整洁、美观。

（2）桌椅。按照从上到下的顺序擦拭桌子的支撑件，可以尝试挪动桌子，将桌脚下方清理干净。擦拭椅子，注意座椅的底部和各缝隙处。

4. 书柜

可参考"4.2.5 书柜整理"。

5. 门

木质结构的门用半干抹布擦拭，按照从上到下的顺序，先擦拭门框，再擦拭门顶，再用"S"形手法对门的正面及反面进行清洁。不锈钢门把手可用 70% 酒精喷洒消毒，自然风干后用玻璃抹布进行擦拭。

6. 开关

开关清洁时用半干抹布擦拭，缝隙可用棉签清洁，注意边角缝隙要清洁到位。清洁后可用酒精棉擦拭消毒。

7. 踢脚线与地面

（1）用半干抹布擦拭踢脚线。

（2）对地面进行吸尘，按照从里到外、从边角到中心的顺序进行，注意书桌下方、书柜下方等清洁死角，建议书房地板三天吸尘一次。

（3）用平板拖把拖地，如地面较脏，先用拖把沾适量清洁剂擦一遍，再用拖把沾适量清水擦一遍。最后用干抹布擦拭干净。

8. 垃圾桶

垃圾桶通常为可直接水洗的材质，可以直接用毛刷刷洗，按照从里往外、从上到下的顺序进行清洁。清洗干净后用干抹布擦干，最后用酒精进行消毒，自然晾干后套上垃圾袋。

垃圾桶的垃圾尽量不要过夜，做到一日一清，以免滋生蚊虫。

6.2.2 书房清洁整理标准

书房清洁整理标准见表6-2。

表6-2 书房清洁整理标准

清洁区域		清洁整理标准
窗	窗槽	1.无污渍；2.无灰尘；3.滑道内无杂物；4.无积水
	玻璃	1.无污渍；2.无灰尘；3.无水印；4.无水珠；5.洁净明亮
办公设备		1.无灰尘；2.无水印；3.无杂物；4.无残留污渍
书桌	桌面	1.无灰尘；2.无杂物；3.物品摆放有一定的秩序，整洁而不散乱
	桌椅	1.无灰尘；2.无水印；3.无杂物；4.无残留污渍
书柜		1.无灰尘；2.无水印；3.无杂物；4.无残留污渍；5.各类书籍分类摆放整齐
门		1.无手印；2.无污渍；3.无水印；4.光亮；5.门框周边无灰尘
开关		1.无手印；2.无污渍；3.无水印；4.开关周边无灰尘
踢脚线与地面	踢脚线	1.无污渍；2.无灰尘
	地面	1.无灰尘、无毛发、无污渍（如茶渍、饮料渍、黑印等）；2.光亮；3.物品摆放整齐有序；4.地面上能挪动物品下清洁到位
垃圾桶	表面	1.无污渍；2.无灰尘；3.无水印
	内部	1.无污渍；2.无异味；3.无残留垃圾；4.套上干净垃圾袋，保持干爽

6.3 儿童房清洁整理

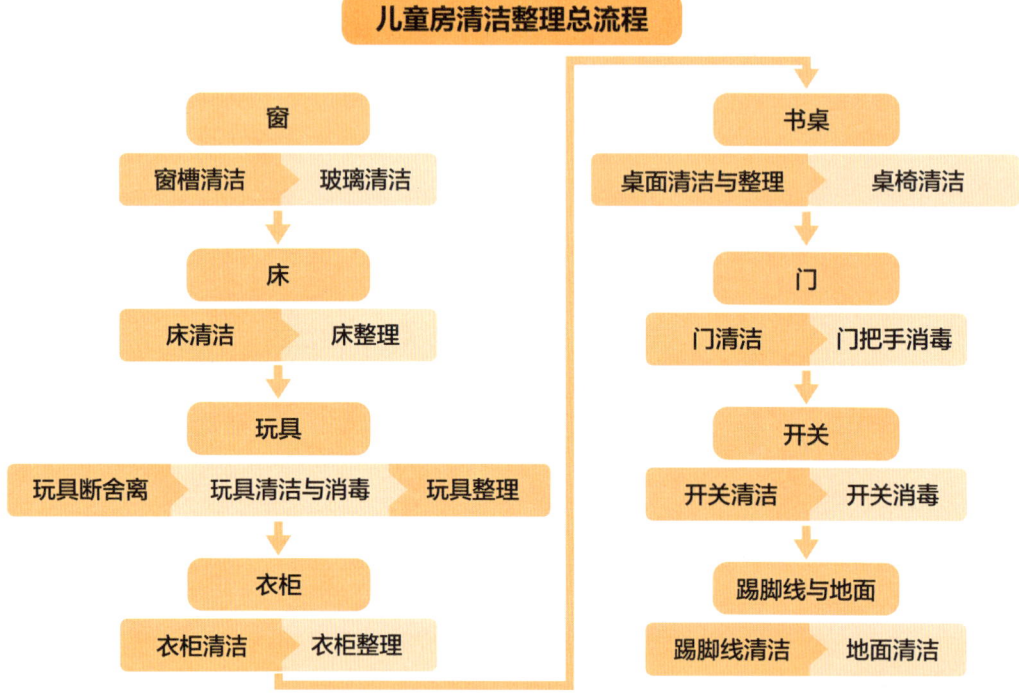

6.3.1 儿童房清洁整理重点

1. 窗

（1）窗槽。先用小毛刷对窗槽进行扫尘，再用半干抹布进行擦拭；也可以直接用包裹着抹布的小铲刀沿着窗槽的线槽进行擦拭。注意窗槽的边角缝隙应清理干净，可用吸尘器的扁平吸嘴进行除尘。

（2）玻璃。清洁玻璃时，要在玻璃下方铺毛巾，接住清洁玻璃时流下的清洁剂、脏水等。

将玻璃清洁剂均匀地喷在玻璃上，将双面玻璃擦在玻璃上吸合，注意将外侧玻璃擦的安全绳套在手腕上，然后按顺序清洗玻璃，边角的水可以用玻璃抹布擦干。

2. 床

（1）床清洁。将枕头和被子挪开，用床扫帚清扫床铺上的尘絮及头发。用半湿抹布清洁床头柜、床架、床头等，再用干抹布擦拭干净。

（2）床整理

1）床头柜。儿童的床头柜上可能摆放玩具、台灯、书籍等，应将这些物品摆放整齐。

2）床单（床笠）。将床单（床笠）拉平整，与床垫贴合，四角服帖，无褶皱。

3）枕头。拍打枕头，使其蓬松不凹陷；儿童房的床多为单人床，枕头为单个，摆放在床的中间位置，距离床头一个拳头的距离。

4）被子。儿童房的被子多选择平铺，要求将褶皱捋平，距离枕头一个拳头的距离，四角自然垂落且垂落距离均等。

3. 玩具

利用合适的整理容器放置玩具，将各类玩具归类收纳整齐，可参考"4.2.4 玩具整理"。

4. 衣柜

按照从上到下的顺序，以"S"形手法用半干抹布对衣柜表面进行擦拭。注意门把手的地方要多擦几次，最后用干抹布擦干。衣物分类折叠后放进衣柜，其整理方法可参考"4.2.2 衣柜整理"。

注意穿过的衣物不要放回衣柜。

5. 书桌

（1）桌面。将桌面上的东西全部归置在一旁，先用半干抹布擦拭桌面，再用干抹布擦拭干净。将桌面上的物品做好外表面清洁，然后按照一定的顺序或规律分类摆放，保持桌面的整洁、美观。

（2）桌椅。按照从上到下的顺序擦拭桌子的支撑件，可以尝试挪动桌子，将桌脚下方清理干净。擦拭椅子，注意座椅的底部和各缝隙处。

6. 门

木质结构的门用半干抹布擦拭，按照从上到下的顺序，先擦拭门框，再擦拭门顶，再用"S"形手法对门的正面及反面进行清洁。不锈钢门把手可用 70% 酒精喷洒消毒，自然风干后用玻璃抹布进行擦拭。

7. 开关

开关清洁时用半干抹布擦拭，缝隙可用棉签清洁，注意边角缝隙要清洁到位。清洁后可用酒精棉擦拭消毒。

8. 踢脚线与地面

（1）用半干抹布擦拭踢脚线。

（2）按照从里到外、从边角到中心的顺序对地面进行吸尘，注意床底、桌底等清洁死角，建议每天对儿童房地面进行吸尘。

（3）用平板拖把拖地，如地面较脏，先用拖把沾适量清洁剂擦一遍，再用拖把沾适量清水擦一遍。最后用干抹布擦拭干净。

6.3.2 儿童房清洁整理标准

儿童房清洁整理标准见表6-3。

表6-3 儿童房清洁整理标准

清洁区域		清洁整理标准
窗	窗槽	1.无灰尘；2.无污渍；3.滑道内无杂物；4.无积水
	玻璃	1.无污渍；2.无灰尘；3.无水印；4.无水珠；5.洁净明亮
床	床头	1.床头物品摆放整齐；2.表面无灰尘；3.无杂物；4.无水印
	床面	1.被褥、衣物叠放整齐；2.床单（床笠）平整无褶皱；3.无杂物；4.无灰尘；5.枕头蓬松、并列摆放；6.被子平铺整齐或折成豆腐块
	床边	1.无灰尘；2.无水印；3.无杂物；4.无污渍
玩具		1.无灰尘；2.无污渍；3.无积水；4.无水印；5.无异味；6.各类玩具收纳归类整齐
衣柜		1.表面无污渍、无水印；2.把手无污渍、无水印
书桌	桌面	1.无灰尘；2.无杂物；3.物品摆放有一定的秩序，整洁而不散乱
	桌椅	1.无灰尘；2.无水印；3.无杂物；4.无残留污渍
门		1.无手印；2.无污渍；3.无水印；4.光亮；5.门框周边无灰尘
开关		1.无手印；2.无污渍；3.无水印；4.开关周边无灰尘
踢脚线与地面	踢脚线	1.无污渍；2.无灰尘
	地面	1.无灰尘、无毛发、无污渍（如茶渍、饮料渍、黑印等）；2.光亮；3.物品摆放整齐有序；4.地面上能挪动物品下清洁到位

6.4 客厅清洁整理

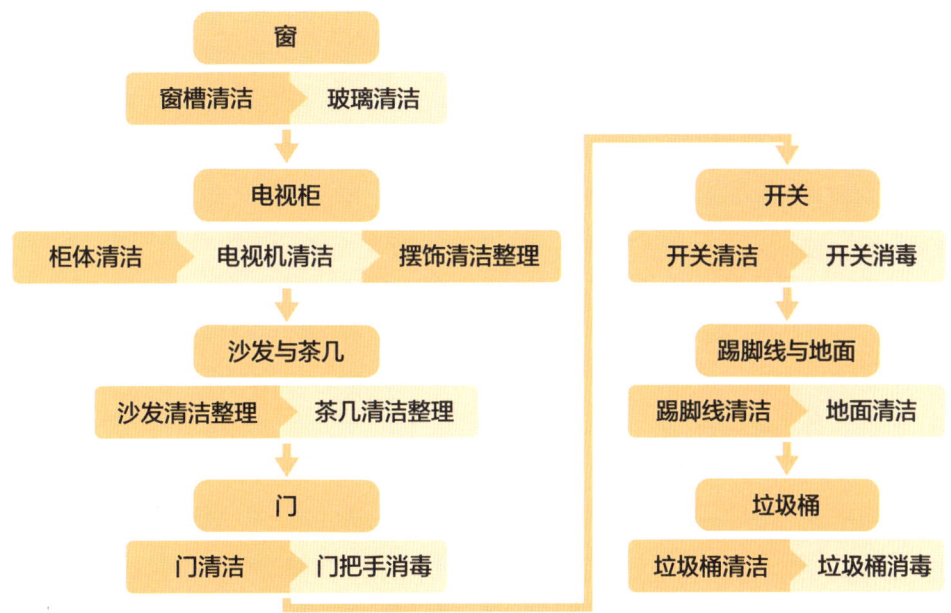

6.4.1 客厅清洁整理重点

1. 窗

（1）窗槽。先用小毛刷对窗槽进行扫尘，再用半干抹布进行擦拭；也可以直接用包裹着抹布的小铲刀沿着窗槽的线槽进行擦拭。注意窗槽的边角缝隙应清理干净，可用吸尘器的扁平吸嘴进行除尘。

（2）玻璃。清洁玻璃时，要在玻璃下方铺毛巾，接住清洁玻璃时流下的清洁剂、脏水等。

将玻璃清洁剂均匀地喷在玻璃上，将双面玻璃擦在玻璃上吸合，注意将外侧玻璃擦的安全绳套在手腕上，然后按顺序清洗玻璃，边角的水可以用玻璃抹布擦干。

2. 电视柜

（1）柜体。用半干抹布擦拭柜体，尤其注意柜顶、柜底的清洁。柜子内部可根据实际需要进行整理。柜体通常带有玻璃，应用清洁玻璃的方法仔细、小心地进行清洁。

（2）电视机。用半干抹布清洁电视机的非屏幕区域，用屏幕专用抹布清洁电视机屏幕，注意力度要适中。

（3）摆饰。摆饰的材质广泛，如织布、瓷、玉石等。摆饰日常清洁可用防静电除尘掸子进行扫尘，用干抹布轻轻擦拭。若需要湿擦，在湿擦后一定要用干抹布及时擦干。灰尘多、缝隙多的地方可用小毛刷、棉签、吹风机等辅助清洁。摆饰应轻拿轻放，防止摔碎或损坏。

3. 沙发与茶几

（1）根据沙发的不同材质选取合适的方式清洁，擦洗茶几表面。注意检查沙发脚、茶几底部的防磨损贴片是否需要更换。

（2）将沙发坐垫、靠枕等拿到阳光下用力拍打，除去浮层，然后将其摆放整齐。

（3）将茶几上的物品归类，摆放整齐。

（4）将茶水桶、烟灰缸倾倒干净，并保持内外清洁。

4. 门

木质结构的门用半干抹布擦拭，按照从上到下的顺序，先擦拭门框，再擦拭门顶，再用"S"形手法对门的正面及反面进行清洁。不锈钢门把手可用70%酒精喷洒消毒，自然风干后用玻璃抹布进行擦拭。

5. 开关

开关清洁时用半干抹布擦拭，缝隙可用棉签清洁，注意边角缝隙要清洁到位。清洁后可用酒精棉擦拭消毒。

6. 踢脚线与地面

（1）用半干抹布擦拭踢脚线。

（2）按照从里到外、从边角到中心的顺序对地面进行吸尘，注意沙发底下、茶几底下等清洁死角，建议每天对客厅地面进行吸尘。

（3）用平板拖把拖地，如地面较脏，先用拖把沾适量清洁剂擦一遍，再用拖把沾适量清水擦一遍。最后用干抹布擦拭干净。

7. 垃圾桶

垃圾桶通常为可直接水洗的材质，可以直接用毛刷刷洗，按照从里往外、从上到下的顺序进行清洁。清洗干净后用干抹布擦干，最后用酒精进行消毒，自然晾干后套上垃圾袋。

垃圾桶的垃圾尽量不要过夜，做到一日一清，以免滋生蚊虫。

6.4.2 客厅清洁整理标准

客厅清洁整理标准见表 6-4。

表 6-4　客厅清洁整理标准

清洁区域		清洁整理标准
窗	窗槽	1. 无污渍；2. 无灰尘；3. 滑道内无杂物；4. 无积水
	玻璃	1. 无污渍；2. 无灰尘；3. 无水印；4. 无水珠；5. 洁净明亮
电视柜		1. 柜体无灰尘，无污渍；2. 电视机表面无脏污，无灰尘；3. 摆饰干净，无灰尘，摆放合理
沙发与茶几		1. 表面清洁，无毛发，无污渍；2. 沙发坐垫、靠枕整洁，摆放整齐；3. 茶几上物品摆放整齐；4. 茶水桶与烟灰缸倾倒干净，内外清洁
门		1. 无手印；2. 无污渍；3. 无水印；4. 光亮；5. 门框周边无灰尘
开关		1. 无手印；2. 无污渍；3. 无水印；4. 开关周边无灰尘
踢脚线与地面	踢脚线	1. 无污渍；2. 无灰尘
	地面	1. 无灰尘、无毛发、无污渍（如茶渍、饮料渍、黑印等）；2. 光亮；3. 物品摆放整齐有序；4. 地面上能挪动物品下清洁到位
垃圾桶	表面	1. 无污渍；2. 无灰尘；3. 无水印
	内部	1. 无污渍；2. 无异味；3. 无残留垃圾；4. 套上干净垃圾袋，保持干爽

6.5 餐厅清洁整理

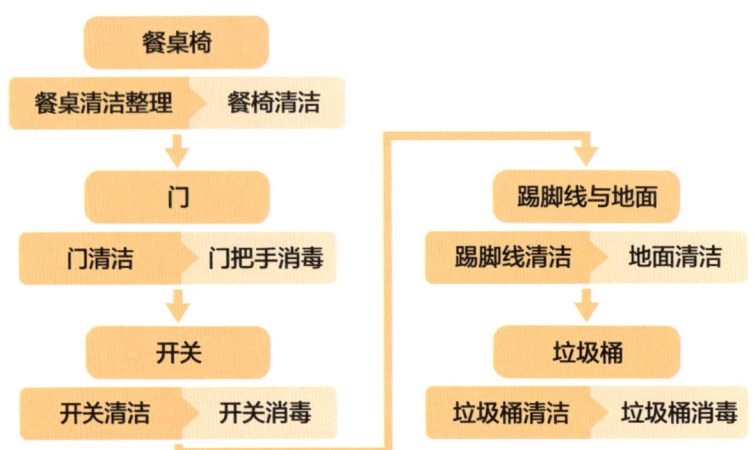

6.5.1 餐厅清洁整理重点

1. 餐桌椅

（1）餐桌。餐桌易留有油渍，清洁时最好配合去油污的清洁剂，用湿抹布蘸取适量清洁剂进行擦拭，再用清水打湿抹布擦拭，最后用干抹布擦拭干净。餐桌上不建议摆放较多物品，一般摆放一盆鲜花、一盒纸巾。鲜花的大小与香味以不影响就餐为宜。

（2）餐椅。从上至下用半干抹布擦拭餐椅，再用干抹布擦拭干净。注意检查餐椅脚的防摩擦垫片磨损程度，及时更换，以免损伤地面。餐椅擦拭干净后沿着桌边摆放整齐。

2. 门

餐厅的门可能是木质，也可能是玻璃材质，根据不同材质选用不同的清洁方法。

3. 开关

开关清洁时用半干抹布擦拭，缝隙可用棉签清洁，注意边角缝隙要清洁到位。清洁后可用酒精棉擦拭消毒。

4. 踢脚线与地面

（1）用半干抹布擦拭踢脚线。

（2）按照从里到外、从边角到中心的顺序对地面进行吸尘，注意餐桌椅底下等清洁死角，建议每天对餐厅地面进行吸尘。

（3）用平板拖把拖地，如地面较脏，先用拖把沾适量清洁剂擦一遍，再用拖把沾适量清水擦一遍。最后用干抹布擦拭干净。

5. 垃圾桶

垃圾桶通常为可直接水洗的材质，可以直接用毛刷刷洗，按照从里往外、从上到下的顺序进行清洁。清洗干净后用干抹布擦干，最后用酒精进行消毒，自然晾干后套上垃圾袋。

垃圾桶的垃圾尽量不要过夜，做到一日一清，以免滋生蚊虫。

6.5.2 餐厅清洁整理标准

餐厅清洁整理标准见表 6-5。

表 6-5 餐厅清洁整理标准

清洁区域		清洁整理标准
餐桌椅		1. 餐桌表面无污渍、无水印；2. 餐桌台面上整洁、无杂物；3. 餐椅干净且摆放整齐
门		1. 无手印；2. 无污渍；3. 无水印；4. 光亮；5. 门框周边无灰尘
开关		1. 无手印；2. 无污渍；3. 无水印；4. 开关周边无灰尘
踢脚线与地面	踢脚线	1. 无污渍；2. 无灰尘
	地面	1. 无灰尘、无毛发、无污渍（如茶渍、饮料渍、黑印等）；2. 光亮；3. 物品摆放整齐有序；4. 地面上能挪动物品下清洁到位
垃圾桶	表面	1. 无污渍；2. 无灰尘；3. 无水印
	内部	1. 无污渍；2. 无异味；3. 无残留垃圾；4. 套上干净垃圾袋，保持干爽

6.6 厨房清洁整理

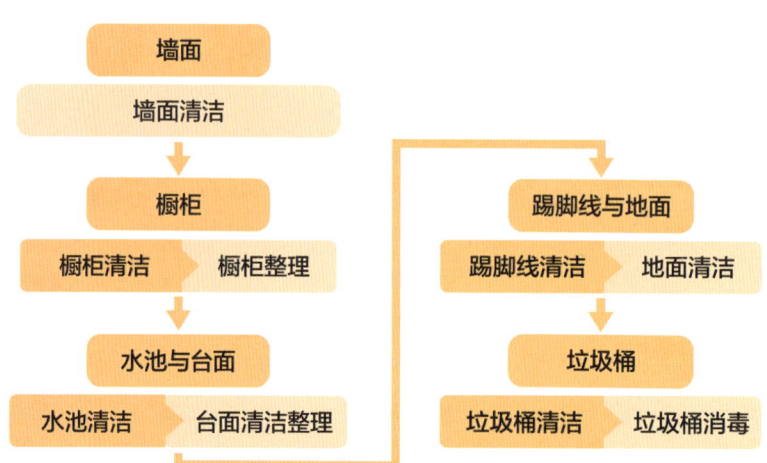

6.6.1 厨房清洁整理重点

1. 墙面

厨房是八大区域中油污最重的区域，墙面多为瓷砖材质，瓷砖较其他材质更易清洗，不容易附着污渍。但是如果不注意清洁，长年累月，瓷砖也会被油烟污染。一般建议每次做完饭擦洗抽油烟机时，也顺带擦洗抽油烟机附近的墙面区域。其他区域每个月擦洗一次即可。油污较重时，可喷涂重油污清洁剂，等待约 20 min 后用海绵擦或百洁布擦洗，再用适量清水清洗，最后用干抹布擦拭干净。

2. 橱柜

（1）清洁

1）门板。橱柜门板应每周擦拭一次，先用半干百洁布擦拭，再用干抹布擦拭干净。

2）里柜。里柜存放餐具、调味料等，一般不做清洁，建议在里柜垫上防油污纸，定期更换防油污纸即可。

（2）整理。应合理规划橱柜内的空间，将经常取用的物品摆放在中层区域，重物、有一定耐湿性的物品放在低层区域，不常用的质量较轻的可以放在高层区域。也可以利用一些小工具，使物品取用更方便，如旋转调料置物架可将所有日常使用的调料放在架子上，轻轻一转，就能轻松取出内侧物品。

3. 水池与台面

（1）水池。每次洗碗后，要对水池进行清洗，一般用海绵擦蘸取适量洗洁精擦洗油腻部位，再用清水冲洗即可。水龙头可喷涂少量不锈钢清洁剂，用海绵擦擦洗，用清水冲净，再用干抹布擦拭干净。

（2）台面。台面一般用半干抹布擦洗后，用干抹布擦净。如果台面沾染了油渍、污垢等，可用海绵刷蘸取适量洗洁精擦洗，台面一般为不锈钢或石材材质，清洗较为方便。台面上不建议放太多物品，一般摆放刀架、砧板、常用调味料（盐、糖、味精等），摆放应整齐。

4. 踢脚线与地面

（1）用半干抹布擦拭踢脚线。

（2）按照从里到外、从边角到中心的顺序对地面进行吸尘，注意垃圾桶底下等清洁死角，建议每天对厨房地面进行吸尘。

（3）用平板拖把拖地，如地面较脏，先用拖把沾适量清洁剂擦一遍，再用拖把沾适量清水擦一遍。最后用干抹布擦拭干净。

5. 垃圾桶

厨房的垃圾桶通常有两个，干湿垃圾桶分离。垃圾桶通常为可直接水洗的材质，可以直接用毛刷刷洗，按照从里往外、从上到下的顺序进行清洁。清洗干净后用干抹布擦干，最后用酒精进行消毒，自然晾干后套上垃圾袋。

垃圾桶的湿垃圾不可过夜，一定要一日一清，以免产生异味，滋生蚊虫。

6.6.2 厨房清洁整理标准

厨房清洁整理标准见表6-6。

表6-6 厨房清洁整理标准

清洁区域	清洁整理标准
墙面	1. 无油烟渍；2. 无水印；3. 表面光亮；4. 无灰尘

续表

清洁区域		清洁整理标准
橱柜	门板	1.无水印；2.无污渍；3.无灰尘；4.无油腻感
	里柜	1.干燥；2.无异味；3.物品摆放合理、整洁
水池与台面	水池	1.表面无水印；2.水龙头光亮；3.下水口处无遗留残渣食物、无异味
	台面	1.表面无水印；2.无残留清洁剂；3.无油垢；4.物品摆放整齐有序
踢脚线与地面	踢脚线	1.无污渍；2.无灰尘
	地面	1.无灰尘、无毛发、无污渍（如茶渍、饮料渍、黑印等）；2.光亮；3.物品摆放整齐有序；4.地面上能挪动物品下清洁到位
垃圾桶	表面	1.无污渍；2.无灰尘；3.无水印；4.干湿标志或区别明显
	内部	1.无污渍；2.无异味；3.无残留垃圾；4.套上干净垃圾袋，保持干爽

6.7 卫浴室清洁整理

6.7.1 卫浴室清洁整理重点

1. 沐浴房

（1）玻璃。淋浴房的玻璃面积较大，可提醒客户，日常可放一把玻璃刮在淋浴房，每次洗完澡后，可以及时刮除玻璃上的水汽，保持玻璃洁净。如果日常不注意清洁，玻璃上留存的水印、污渍较多，可以喷涂玻璃清洁剂，等待约 20 min 后用海绵擦擦洗，再用玻璃刮从上至下刮洗，最后用清水冲洗一遍，用玻璃抹布擦干。

（2）花洒。将花洒从接头处拆下，用食用白醋对花洒表面及内部进行浇灌并浸泡约 1 h，然后用棉质抹布轻轻擦拭花洒表面，重新装入接头后通水片刻，使白醋和水垢随水流出，以消除或减小水垢对花洒的影响，并起到一定的杀菌功效。在不锈钢水龙头及导管上喷涂适量不锈钢清洁剂，稍等片刻后用海绵擦清洗，用清水冲干净后，用干抹布擦拭干净。

（3）淋浴用品。将淋浴用品盖子盖紧，用湿抹布擦洗外表面，用干抹布擦干，按照类别（如洗发用品、洗面奶、沐浴用品等）摆放整齐。

2. 墙面

淋浴房的墙面多为瓷砖，卫浴室湿度较大，日常最后一个洗完澡的人可以用干抹布擦拭墙面，保持干爽。若墙面长时间不做清洁，会积聚难以清除的水印、污渍等，通常需要喷涂瓷砖清洁剂，等待约 20 min 后用海绵擦或百洁布擦洗，再用适量清水冲洗，最后用干抹布擦拭干净。

3. 坐便器

先在坐便器内壁四周喷上清洁剂，按清洁剂说明书等待片刻，再使用坐便器刷在坐便器内壁的各个位置不断刷洗、冲水。冲水时坐便器刷可对重度脏污位置继续进行刷洗，再次冲水同时清洁坐便器和坐便器刷。将坐便器刷冲净、沥至不滴水时放入专用坐便器刷盒。

4. 洗漱台

（1）台盆。清除台盆四壁及周围的毛发，在台盆四壁及水龙头上喷水垢清洁剂，稍等片刻后用海绵擦擦洗，用清水冲洗干净，再用干抹布擦拭。台盆周围容易被水打湿，留下水印，尽量不要摆放过多的日用品。

（2）洁面镜。将玻璃清洁剂均匀地喷在洁面镜上，按照从上到下的顺序用刮水器进行清洁，边角的水可以用玻璃毛巾擦干。建议将日用品有序、整齐地收纳在洁面镜柜中。

5. 门

木质结构的门用半干抹布擦拭，按照从上到下的顺序，先擦拭门框，再擦拭门顶，再用"S"形手法对门的正面及反面进行清洁。不锈钢门把手可用 70% 酒精喷洒消毒，自然风干后用玻璃抹布进行擦拭。

6. 开关

开关清洁时用半干抹布擦拭，缝隙可用棉签清洁，注意边角缝隙要清洁到位。清洁后可用酒精棉擦拭消毒。

7. 踢脚线与地面

（1）用半干抹布擦拭踢脚线。

（2）按照从里到外、从边角到中心的顺序对地面进行吸尘，注意坐便器底部四周、脏衣篮底部等清洁死角，建议每三天对卫浴室地面进行吸尘。

（3）用平板拖把拖地，如地面较脏，先用拖把沾适量清洁剂擦一遍，再用拖把沾适量清水擦一遍。最后用干抹布擦拭干净。

8. 垃圾桶

卫浴室的垃圾桶有别于其他普通垃圾桶，应根据垃圾桶的实际情况进行清洗和消毒。部分加电池的感应式垃圾桶不能全身水洗，应加以区分。保持垃圾桶的内外部、盖子清洁，必须一日一清，防止产生异味。

6.7.2 卫浴室清洁整理标准

卫浴室的清洁整理标准见表 6-7。

表 6-7 卫浴室的清洁整理标准

清洁区域		清洁整理标准
淋浴房	玻璃	1. 表面无污渍；2. 无杂物；3. 无水印；4. 无水珠；5. 洁净明亮
	花洒	1. 喷头无污垢；2. 不锈钢光亮、无水印
	淋浴用品	1. 盖子处无溢出物；2. 外表面干净、无水垢；3. 摆放整齐

续表

清洁区域		清洁整理标准
墙面		1. 无水印；2. 表面光亮；3. 无灰尘
坐便器		1. 无水垢；2. 无污渍；3. 无尿垢；4. 无水印；5. 光亮、整洁；6. 坐便器盖处于闭合状态
洗漱台	台盆	1. 台盆表面干净、无水印、无毛发；2.水龙头无水印、光亮如新；3. 洗漱用品表面无灰尘、无水印、摆放整齐
	洁面镜	1. 无污渍；2. 无水印；3. 无水珠；4. 透亮清晰
门		1. 无手印；2. 无污迹；3. 无水印；4. 光亮；5. 门框周边无灰尘
开关		1. 无手印；2. 无污迹；3. 无水印；4. 开关周边无灰尘
踢脚线与地面	踢脚线	1. 无污渍；2. 无灰尘
	地面	1. 无灰尘、无毛发、无污渍（如茶渍、饮料渍、黑印等）；2. 光亮；3. 物品摆放整齐有序；4. 地面上能挪动物品下清洁到位
垃圾桶	表面	1. 无污渍；2. 无灰尘；3. 无水印
	内部	1. 无污渍；2. 无异味；3. 无残留垃圾；4. 套上干净垃圾袋，保持干爽

6.8 阳台清洁整理

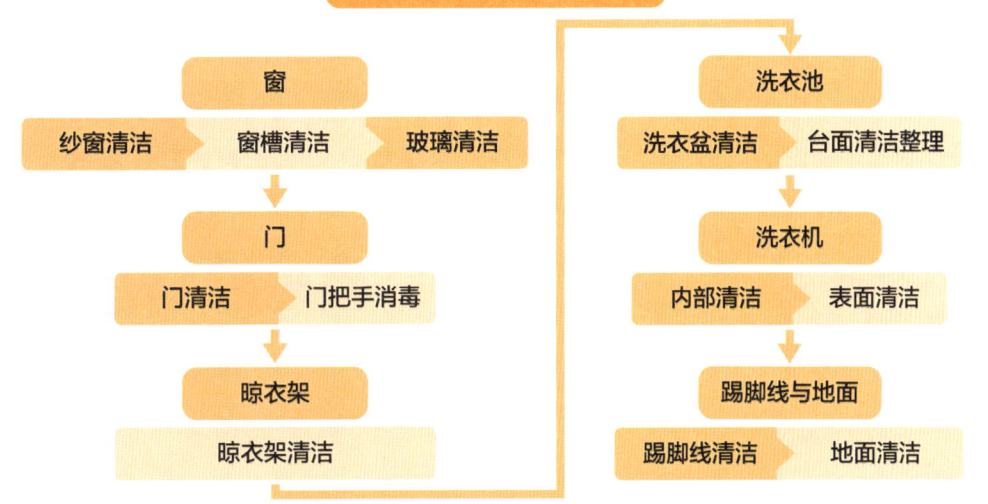

阳台清洁整理总流程

6.8.1 阳台清洁整理重点

1. 窗

（1）纱窗

1）可拆卸纱窗。可拆卸纱窗的清洁比较简单，将纱窗拆下，放在淋浴房用花洒冲洗，自然晾干后安装回原位即可；若脏污较多，可在冲洗过程中用软毛刷轻轻刷洗。

2）不可拆卸纱窗。将吸尘器的吸嘴紧贴纱窗，从上至下吸除表面灰尘和脏污；在纱窗下方垫一块毛巾，一边用强力喷水壶喷水一边用海绵刷清洗，最后用干抹布擦拭干净。

（2）窗槽。先用小毛刷对窗槽进行扫尘，再用半干抹布进行擦拭；也可以直接用包裹着抹布的小铲刀沿着窗槽的线槽进行擦拭。注意窗槽的边角缝隙应清理干净，可用吸尘器的扁平吸嘴进行除尘。

（3）玻璃。清洁玻璃时，要在玻璃下方铺毛巾，接住清洁玻璃时流下的清洁剂、脏水等。将玻璃清洁剂均匀地喷在玻璃上，将双面玻璃擦在玻璃上吸合，注意将外侧玻璃擦的安全绳套在手腕上，然后按顺序清洗玻璃，边角的水可以用玻璃抹布擦干。

2. 门

通过阳台的门通常为玻璃移门，按照清洁玻璃的方法清洁，注意对门槽进行清理。不锈钢门把手可用 70% 酒精喷洒消毒，自然风干后用玻璃抹布进行擦拭。

3. 晾衣架

目前家庭中常用的是自动升降式晾衣架。将晾衣架放至最低位，用半干抹布擦拭，注意升降角架的边角、缝隙要清洁到位，可用棉签蘸水清洁，用干抹布擦拭干净。再将晾衣架升至最高位，家政人员可借助人字梯清洁晾衣架顶部，通常先用半干抹布擦拭，再用干抹布擦拭干净。晾衣架上的衣架、控制开关也要注意清洁。

4. 洗衣池

洗衣池通常包括洗衣盆与台面。在洗衣盆的水龙头、四壁喷涂适量水垢清洁剂，再用海绵刷刷洗，用流动水冲净后，确保下水口通畅、无污物，最后用干抹布擦拭干净。将台面上存放的常用清洁剂、工具等归置在一个大的塑料盆中，对这些物品进行检查，丢弃已损坏或已过期的，然后进行外表面清洁，通常用半干抹布擦拭，再按其类别、使用频率等进行摆放，明显标志一律对外。

5. 洗衣机

洗衣机的内部清洁通常使用洗衣机清洁剂，按其说明书进行操作；外表面清洁时，用半干抹布擦拭即可。

6. 踢脚线与地面

（1）用半干抹布擦拭踢脚线。

（2）按照从里到外、从边角到中心的顺序对地面进行吸尘，建议每隔一天对阳台地面进行吸尘。

（3）用平板拖把拖地，如地面较脏，先用拖把沾适量清洁剂擦一遍，再用拖把沾适量清水擦一遍。最后用干抹布擦拭干净。

6.8.2 阳台清洁整理标准

阳台清洁整理标准见表6-8。

表6-8　阳台清洁整理标准

清洁区域		清洁整理标准
窗	纱窗	1.无污渍；2.无灰尘
	窗槽	1.无污渍；2.无灰尘；3.滑道内无杂物；4.无积水
	玻璃	1.无污渍；2.无灰尘；3.无水印；4.无水珠；5.洁净明亮
门		1.门槽滑道内无杂物、无积水、无污渍、无灰尘；2.玻璃无污渍、无灰尘、无水印、无水珠，洁净明亮；3.门把手无污渍、无水印
晾衣架		1.晾衣架主体无污渍、无灰尘、无水印；2.开关周边无灰尘
洗衣池		1.洗衣盆水龙头、四壁无污渍、无水印；2.下水口无阻塞污物，无异味；3.台面无污渍、无水印，台面上的物品摆放整齐、美观
洗衣机		1.外壁无污渍、无灰尘、无水印；2.内桶无污渍、无异味
踢脚线与地面	踢脚线	1.无污渍；2.无灰尘
	地面	1.无灰尘、无毛发、无污渍(如茶渍、饮料渍、黑印等)；2.光亮；3.物品摆放整齐有序；4.地面上能挪动物品下清洁到位